優渥叢書

優渥叢書

WEB3.0

必學 **6** 個

行銷戰術

年成長率 500% 的企業教你，該如何抓到網路商機！

李翔◎著

CONTENTS

目錄

Chapter **1**

WEB 3.0 時代，
想贏就是得走出電商框架！ 013

Chapter **2**

網路世界唯有靠速度搶第一，
才有話語權！ 041

推薦序一

數位轉型與組織再造之際，如何做到虛實整合？

卓群顧問有限公司首席顧問　陳其華

近年來兩岸的創業熱潮，帶動無數年輕人懷抱著夢想，紛紛投入創業中。尤其是網路相關領域，一個新點子被開發出來，很快地就有抄襲模仿的競爭，不易脫穎而出。談創新，都看似新鮮興奮，但碰到日常管理，卻是充滿枯燥乏味。

這兩年，傳統大企業也面臨數位轉型與組織再造的挑戰。在這虛實整合的時代中，無論是 O2O、新零售與會員經濟，市場變化再大，人性本質都一樣。我在執行輔導專案，協助企業轉型時，發現**實體事業若加上數位輔助，數位就成了隱形的翅膀。但當數位事業加上實體，實體卻容易成為明顯的包袱。虛實如何整合，已成為未來事業發展的重要經營議題。**

本書針對數家在中國以網路事業起家的知名大企業，剖析它們創業過程中的點滴，探討這些企業家如何做到高速年成長率，提供讀者借鏡參考。本書也提到許多很棒的

經營實戰觀念，例如：

- 業績與價值體系不能衝突。
- 靠速度搶第一，有規模才有話語權與安全感。
- 速度是禮物，規模則是詛咒。
- 商業舞臺的話語權，永遠是掌握在成功者手上。
- 業務規模增快，管理系統在後追。
- 競爭中，你是因為缺點少而活下來。
- 我們靠一個完美的團隊彌補個人的缺點。
- 面對未來要有敬畏之心，才能保證更好的未來。

　　雖然台灣的市場與資金條件與書中的案例有所不同，但企業家精神、價值觀與經營理念的重要性，卻沒有太多差異。書中這些經營事業的觀念、原理與原則，在虛實的商業世界上，均可適用。

　　他山之石可以攻錯，經營事業要懂借腦與借力。本書的案例與內容分析，就是你可以借腦借經驗的好來源。無論你是初創業者、數位行銷主管、傳產企業主或是想在經營上更上一層樓的管理者，本人都樂於推薦本書。歡迎你一起進入這些知名企業家的創業精彩生命中，一同體會學習。

NOTE

/   /   /

推薦序二
從中國網路創業發展史中，
窺見創業成功的秘訣

知名作家、財經主播／主持人　朱楚文

　　創業近年來成為許多年輕人的夢想，特別是網路世代的背景，給予年輕人更多的優勢和想像空間。然而，創業要能成功卻相當不容易，在 Web 3.0 時代，網路產業的競爭已經進入資本戰，如何在激烈的市場中生存下來，甚至有機會吃下足夠多的市場份額，拉開與對手的距離，都是現在創業者的挑戰。

　　中國近年來創業風氣盛行，誕生許多世界級的獨角獸企業，本書作者親身採訪中國著名的新創企業，包括眾所周知的阿里巴巴、滴滴打車，以及台灣讀者可能較不熟悉，但在中國幾乎無人不知無人不曉的京東、餓了嗎、奇虎 360，還有曾在太陽能市場非常具有影響力的無錫尚德，透過生動的描繪、貼身觀察到的創辦人言行、個性特色和語錄，讓我們瞭解這些創業家是如何在血腥市場風雨中開闢道路，奪下今日輝煌的市場領土。

　　在這一則又一則的故事當中，除了創業家的故事紀

實，作者也提煉出新創企業要在這個時代成功的重點守則，例如：網路戰場上「唯快不破」，講究的是速度，快還要更快，更快還得超快，才能在競爭對手還沒反應之前，築起網路效應高牆，堆高進入的障礙門檻。

我在廣播節目《創意領航家》中，長期訪問兩岸創業家，談他們的創業歷程，以及如何發揮創意克服挑戰。**許多網路產業的創業家確實面臨書中描繪的現象：追求快速的極致！不僅產品推出要快，調整得快，拓展客戶更要快上加快！**所以有些人跟我說，做網路真的得趁年輕，畢竟這樣的速度實在是挺累人的（如果覺得網路創業相對成本低而想進場，請先評估一下自己體力和速度能不能跟上）。

不過，新創企業要在網路市場拚搏，除了產品開發得採用一邊觀察市場、一邊快速修正的「敏捷開發」策略之外，組織也必須要快速因應市場變化而擴大，於是管理的挑戰便隨之而來。

書中提到，餓了嗎與京東都曾經面臨一天新進 100 位員工的組織擴張，這真的令人難以想像。**原來中國的大市場看起來可口，令不少台灣企業垂涎，但真要在這樣的市場打仗，也得有能跟上偌大市場規模的組織團隊。**甚至在極短時間內，組織的擴張會導致新員工比舊員工還要多，這時候如何訓練新人和管理，都考驗著創辦人的心力、體力和腦力。就如同作者描述京東創辦人劉強東說的一段

話：「企業的成功和失敗永遠都是因為團隊，只有這一個因素，沒有第二個。」

　　看完整本書，除了一窺中國近年網路新創企業的發展史，也能瞧見中國市場的血腥與所謂的狼性，就如滴滴打車創辦人程維所言：「創業就是在半夜推開一扇門，走一條看不見的夜路。只有走出去，你才知道有什麼問題。」這句話描繪出創業的冒險刺激，也刻畫出路上的荊棘與需要付出的代價。如果你想要創業，這會是一本值得閱讀的好書。

交人交心，澆樹澆根。

——高清愿（統一集團總裁）

Chapter **1** | Web 3.0 企業　阿里巴巴

WEB 3.0 時代，想贏就是得走出電商框架！

1-1 首創網路經濟免費模式，成功擊敗 eBay 奪得第一！

> 李翔按
>
> 最不需要介紹的一個人。
>
> 名滿天下，謗亦隨之。關於馬雲的各種語錄、新聞、段子已經太多，讚美他、批評他的人也已經太多。這可能就是「欲戴王冠，必承其重」的商業版本。

我開始明確地意識到阿里巴巴已經是一家大公司，是在 2013 年的「雙十一」。

那時我已經不再專注於商業報導，但阿里巴巴的工作人員仍然邀請我參加這個一年一度的網路購物狂歡節。他們說，並不是想要我對這件事寫一篇報導，或者在社群網路上為公司美言幾句，只是希望我能繼續暸解他們。

在很多人看來，我一直是阿里巴巴和克里斯瑪型領導者（註 1）馬雲的忠實擁護者，雖然我已經很久沒有寫過

有關這家公司的報導。

　　雙十一有著讓人驚訝的交易數額，以至於之後每年，不管阿里巴巴集團宣佈雙十一當日交易額有多高，我都不會覺得太驚訝。全場的高潮是馬雲出現在報告廳時，當時有上百名記者聚集在報告廳，他們面前的大螢幕上即時播放著雙十一的交易與物流狀況，馬雲毫無預兆地出現了。

　　在之前的雙十一活動中，馬雲和公司高管會出現在現場，發表介紹雙十一的談話，並且回答記者的問題。但在6個月前，馬雲宣佈退休，將 CEO 職務交給與他共事多年的陸兆禧，並聲稱「在此之前工作就是我的生活，在此之後，生活就是我的工作」。而且同事還表示，此後他不會出來接受媒體的訪問。因此，沒有人能肯定，馬雲會再次出現在聚滿媒體記者的雙十一活動現場。

　　但馬雲還是來了。他穿著一身寬鬆的練功服，腳上蹬著一雙布鞋，像是剛練習完鍾愛的太極拳。他從報告廳的前門進入，還沒來得及走到講臺的中央，一群發現馬雲身影的記者已經擁上去，舉起手中的相機和手機對準他。坐在後排的記者還沒意識到發生什麼事，馬雲就轉過身匆忙離開報告廳，逃離向他湧來的人群。

　　巨大的失望瀰漫在這個擁擠的房間裡，人們都懷疑馬雲是否被人群嚇走。但隨後阿里巴巴的工作人員開始準備他的再次出現：在報告廳的觀眾席與演講台之間拉起隔離帶，一排工作人員站在隔離帶前，以確保不會有人再衝過

來。

做完所有準備後，馬雲再次走進來。他毫無懸念地掀起高潮，並且貢獻許多在網上廣為流傳的句子。其中令人印象最為深刻的，包括他評價自己在央視「年度經濟人物」頒獎現場，和王健林打賭時說的：「如果王健林贏了，那我們這個時代就輸了」（註2），以及「希望透過電子商務來拉低商業地產的價格，使整體房價得以降低」。

就在那時，我突然意識到阿里巴巴真的已經是一家大公司了。此前在淘寶和天貓平臺上龐大的銷售額，以及身為 BAT 三巨頭之一，都沒有讓我感受到這一點。當馬雲被人群擁堵到轉身就走，必須拉起隔離帶再進入會場時，我才感覺到這家公司的龐大，不能僅將馬雲視為草根創業英雄，雖然他不認為自己有多了不起。

他成為中國網路世界的一尊偶像：人們讚美他或恐懼他，甚至想打倒他，這和歷史上眾多傳奇般崛起的人物一樣。史蒂夫・賈伯斯希望扮演反權威的角色，起初他的形象是 IBM 的挑戰者，是使世界免於壟斷恐懼的大衛。但隨著蘋果成為全世界市值最高的公司，大衛也變成歌利亞，許多公司像當年恐懼 IBM 一樣恐懼蘋果。或者就如愛因斯坦所說：「我這一生都反對權威，結果上帝對我的懲罰是讓我變成權威。」

幾年前，淘寶還沒有被拆分成幾家更小的子公司，我

曾經參加過淘寶舉辦的活動。直到現在，有一幕場景仍然印在我腦海中：一個表情歡快、身材微胖的年輕女孩，衣著打扮像是古裝戲中的臨時演員，在經過我身邊時問我：「請問你知道 ××× 在哪裡嗎？」她的目的是要搜集到足夠多的貼紙。

在那個活動上，淘寶員工紛紛打扮成古裝電影中的形象，外表和各自的花名相符。淘寶當時正處於著名的「武俠文化」高峰期。

馬雲似乎是按照金庸的武俠小說來裝扮自己的公司（金庸可能會為此而自豪，因為全世界應該沒有另一家這樣的公司，規模如此龐大，但文化和行事風格竟然源於一個作家的作品），所有參與者都興高采烈，簡直是對「遊戲精神」的最好闡釋。那時候興高采烈的淘寶讓人懷念，它很酷，渾身上下洋溢著遊戲精神，看似玩鬧著把事情做了起來。

但是，阿里巴巴在當時也面臨著困擾。**馬雲用免費的方式在中國擊敗網路巨頭 eBay，對在淘寶上開店的店家免收任何費用，而當時想在 eBay 上開店，需要向這個 C2C 平臺服務商繳納一定費用。**

在《連線》雜誌前主編克里斯・安德森提出網路經濟的免費模式之前，馬雲就已經這麼做了，這是他的天才之處。後來免費的模式又被應用到網路遊戲和防毒軟體行業，史玉柱的《征途》和周鴻禕的 360 防毒軟體都是這麼

做，的確所向披靡。

淘寶成為中國最大的 C2C 交易平臺，占據著 80% 左右的市場份額，地位一直延續到今天。但是問題隨之而來，人們會問：「是的，所有人都很開心，可是這家公司靠什麼賺錢呢？」

有馬雲參加的發佈會，最常被問及的問題之一，就是淘寶的商業模式。無論是馬雲，還是先後做過淘寶總裁的孫彤宇和陸兆禧，都對這個問題避而不答，他們總是說淘寶不考慮盈利的問題。一家雜誌做過一篇質疑淘寶商業模式的封面文章，標題就是＜淘寶苦苦賺錢＞。

以今天的後見之明，來看當時媒體和分析師對馬雲與淘寶的質疑（或者說憂慮），會顯得非常諷刺。因為按照阿里巴巴集團在 2014 年 5 月 7 日，向美國證監會提交的招股說明書財務資料，該公司主要利潤來自淘寶相關企業，已經超越騰訊和百度，成為中國最賺錢的網路公司，並且擁有超過 50% 的利潤率。

最新的質疑是：「這家公司之所以能如此賺錢，會不會是擠壓平臺上商家利潤的結果？」如果我們以更長的時間來重新看待很多觀點，都會發現其中充滿諷刺意味。

註 1：音譯自 chrisma，意指具有超凡魅力與感召力。

註 2：馬雲與萬達集團王健林針對「電商能否取代傳統店鋪
　　　經營」展開辯論，兩人打賭：到 2020 年，如果電商

在中國零售市場的份額超過 50%，王健林將給馬雲一億元人民幣，若是相反則由馬雲給王健林一億元。這場賭局可說是傳統商業與網路電商之間的正式宣戰。

1-2 網路世界如何調漲收費，而不會陷入危機？

　　馬雲踏上的是一條「光榮的荊棘路」──以童話寫作著稱的安徒生，曾在一篇文章中寫道：「光榮的荊棘路看起來像一條環繞著地球的燦爛光帶。只有幸運的人才能被送到這條光帶上行走，並被指定為不支薪的總工程師，負責建築這座連接上帝與人間的橋樑」、「踏上這條路的人會得到無上的光榮和尊嚴，但得長時間面臨極大的困難和失去生命的危險。」

　　這些引文可能有些誇張，馬雲遭遇的事情頂多是群眾抗議，例如：一群人圍在公司樓下舉標語抗議，或是被人在香港街頭為包括他在內的公司高管豎靈位，甚至遭人謾罵威脅全家，以及其他不為人知的境遇，例如與銀行之間的麻煩等。

　　他的經歷在網路上隨處可見。1994 年，馬雲在美國見識了網路。早年寫馬雲的文章，多談及其經歷的戲劇性，雖然真實性並不可知。

　　1995 年，馬雲創辦中國黃頁，現今在網路上還可以

找到當時的影片。馬雲到北京國家體育運動委員會推銷自己的業務，表示能提供在資訊公路上的宣傳，結果被告知：「這個問題很複雜，沒有你想像得那麼簡單，按辦事程序上說，你應該先預約」。1997 年，馬雲赴北京開發外經貿部官方網站。

1999 年，不得志的馬雲重新回到杭州，創辦後來的阿里巴巴，這個故事同樣被描述過很多次。2 月 21 日，在馬雲位於杭州湖畔花園的家中，18 個人聆聽他發表演講「要做一件偉大的事」。同樣是在這一年，蔡崇信加入阿里巴巴，這次加盟也被渲染上神秘色彩。當時名副其實的「金童子」蔡崇信，竟然願意主動加入阿里巴巴，而且傳說中薪水只有 500 元人民幣。

蔡崇信直至今日仍然是阿里巴巴最重要的人物之一，並且從不接受大陸媒體採訪，這讓他身上始終帶著神秘色彩。也是在這一年，發生另一件被神話的事：馬雲拿到「網路皇帝」孫正義的投資，據說「聊了 6 分鐘，孫正義就決定投 3000 萬美元」。馬雲最後拿到 2000 萬美元，這筆投資進一步變成神話是因為它的投資回報率，如果阿里巴巴集團市值為 2000 億美元，那麼軟銀 2000 萬美元投資如今的價值是 668 億美元。

接下來，阿里巴巴挺過 2003 年的 SARS。因為在阿里巴巴的員工中發現 SARS 病例，馬雲決定讓所有員工都在家辦公。與此同時，他已經在籌備淘寶網。儘管在

創立初期並不被人看好，但 2004 年成立的淘寶最終擊敗 eBay，成為中國最大的 C2C 電子商務平臺。

2005 年，阿里巴巴接受雅虎 10 億美元的投資和雅虎中國的資產，儘管這筆投資之後一直被媒體視為困擾阿里巴巴的資本枷鎖，馬雲為此交出阿里巴巴 40% 的股份，但在當時，這是中國網路有史以來金額最高的投資。2007 年，馬雲讓集團中盈利的 B2B 業務在香港上市，市值一度超過 200 億美元，是當時全球第五大網路公司，排在 Google、eBay、雅虎、亞馬遜之後。

在外界看來，從 1999 年在杭州創辦阿里巴巴開始，好運一直眷顧著這個小個子的杭州人。但其中甘苦，也許只有馬雲和他的創業夥伴能體會。

在宣佈提交招股書後的第三個晚上，馬雲從上海回來，參加過集團內的集體婚禮和支付寶年會，他和幾個高管在自家喝著茅臺酒回憶往事。當時剛被彭博通訊社宣佈有望成為中國首富的馬雲，回憶起第一任秘書，那個女孩總是在他的公司門外徘徊，終於有一天提出要做他的秘書。馬雲大吃一驚：「我們公司一共才只有五個人啊！」但還是接受她的請求。

這位女性讓網路巨頭馬雲念念不忘的事，發生在某次與一個煤老闆聚會的飯局上。風格粗獷的老闆說，如果馬雲能夠一口氣喝掉 9 杯白酒，他承諾投資 50 萬人民幣。文人出身的馬雲很猶豫：「可是我根本不會喝白酒啊！」

這時秘書拿過酒杯，決定替老闆擋下喝酒的要求，她最後喝了 27 杯。在馬雲創立的公司即將在美國公開上市，並可能成為中國市值最高的網路公司之際，他想起這段往事。讓他遺憾的是，這位秘書沒能一直跟著他創業。因為當他決定到北京與外經貿部合作時，她剛結婚一個月。

這是馬雲無意間對人講起的一個故事。我們不難想像在這個公司十幾年的歷史，或者馬雲 1995 年創立中國黃頁後的二十幾年歷史中，他應該面臨過眾多的遺憾和困擾，例如：在國家體委辦公室受公務員阻攔，絲毫沒能展現出他今日的雄辯風采；在 SARS 期間，他是否會大歎倒楣，因為第四例病症竟然就發生在阿里巴巴員工身上；他該如何勸說最初跟隨自己創業的妻子放棄在公司的事業，回歸家庭；他怎樣將勞苦功高的孫彤宇從淘寶總裁位置上勸退；當他出讓 40% 股份給雅虎時，也意識到這麼做的後果：「2007 年我給雅虎 40% 股權時，我就知道，下了這步棋，40% 都被人家控制，你將來就慘了。」

2014 年年初，馬雲以一句「糾結和疼痛就是參與感」，結束談論阿里巴巴戰略的致員工公開信。對他和阿里巴巴集團而言，糾結和疼痛從 2011 年開始明顯表現出來。2011 年 2 月 21 日，阿里巴巴 B2B 上市公司發佈公告：董事會已經批准 CEO 衛哲和 COO（首席營運官）李旭輝的辭職請求。

在馬雲發佈給員工的公開信中，他說：「過去的一個

多月，我很痛苦，很糾結，很憤怒……。」起因是馬雲在一次偶然事件中，發現 B2B 中國供應商的部分簽約客戶有詐欺嫌疑，而阿里巴巴銷售團隊中的部分員工默許甚至參與協助。在當時看來，這是阿里巴巴 B2B 業務上市後最大的事故。

馬雲從百安居請來衛哲出任 B2B 的 CEO，曾是眾人津津樂道的用人典範。甚至連萬科集團創始人王石在接受我採訪時都提到過，馬雲任用衛哲對他啟發很大，但結果竟然是衛哲出局。

馬雲的解釋是，他身為集團的 CEO 和創始人，必須捍衛公司的價值體系。在那次事件後，他接受《中國企業家》雜誌採訪時說：「業績與價值觀絕不能對立，我是公司文化和使命感的最後一道關。如果你叫我一聲『大哥』，我就可以不殺你，那以後會有多少兄弟叫我大哥？我不是大哥。」

在公開信中，他動情地聲稱：「這個世界不需要再多一家網路公司，也不需要再多一家會賺錢的公司；世界需要一家更開放、更透明、更重視分享和社會責任感，也更為全球化的公司；一家來自社會，服務社會，敢於對未來社會承擔責任的公司……。」

他自己說，大概有 30% 的人不相信他的解釋。但之後的一連串事件，讓他無法再保持這樣的自信。這一年是阿里的劫難年，隨後又發生支付寶 VIE 事件（註 3）和

淘寶商城新規引發的「圍城」事件（註4）。對於支付寶
VIE 事件，譴責者說他沒有「契約精神」，甚至更苛刻的
評論者表示，這項舉動是以一己之力毀掉中國網路公司在
美國資本市場的信任基石。

對於商界圍城，馬雲則被指責為拋棄賴以起家的眾多
小商家：淘寶相關企業倚仗螞蟻雄兵的崛起，但在面對做
B2C 的壓力時，卻忘了馬雲自己一直宣揚的「對新進創
業者的責任感」。這些被媒體熱議的事件，再加上馬雲沒
有對外言及的其他事，他稱自己遭受「七傷拳」。他開始
對公眾輿論失去信心，在各個場合都發表一些表示失望的
看法。

直到最後，他說：「我不在乎別人批評我。哼，我們
自己要有骨氣，我們就是這個樣子，**別人冤枉你，如果你
是對的，時間會給你證明；如果你是錯的，時間也證明不
了你是對的。**」

公眾輿論的風向正是從 2011 年開始轉變。在此之
前，他的追隨者眾多，一本 2008 年出版的書名概括這種
情緒。這本書名叫《馬雲教》，封面上赫然寫著「在中
國，一個新的宗教已然誕生」，而這只是在馬雲不知情的
情況下出版的眾多關於他的圖書之一。

在他的激勵下，眾多中國年輕人走上創業之路，其中
有一部分創業者就是在淘寶網上開店做電子商務。他是中
國創業熱潮的最初引領者，每一個舉動都能迎來一片讚美

聲。雖然有人認為他和阿里巴巴的故事被神話了，也有質疑之聲，但這些聲音都被淹沒在馬雲巨大魅力營造的浪潮中。

在此之後，他和阿里巴巴的處境可以用動輒得咎來形容。雖然他和這家公司的行事邏輯並沒有發生變化，但是公共輿論和社會情緒已經改變。人們一方面羨慕他和阿里巴巴的成功，另一方面，總是以懷疑的眼光打量他和這家公司的成功。

2011 年 2 月，在 3Q 大戰（註 5）後，騰訊公司組織的「診斷騰訊」交流會上，一位發言者以阿里巴巴作為典範表示：「阿里巴巴始終在向外輸出文化——馬雲所提的『新商業文明』。這種文化一方面對阿里巴巴是一種約束，代表公司行為必須在新商業文明的框架下，各個子公司和對外部門都要服從新商業文明的守則，約束企業員工。另一方面也影響一大批人，包括意見領袖，以及媒體的觀點和立場。」

如今看來，情況則發生逆轉。騰訊正在輸出它的產品經理文化，向整個社會宣揚它關於科技、行動網路、產品和人性的理解，而阿里巴巴很多時候則陷入「不解釋」的尷尬中，或者即便解釋，馬上迎來的也是新一輪的質疑。

註 3：2011 年 6 月中旬，基於中國法規對外資企業的限制，

    馬雲為了讓支付寶成為國內合法協力廠商支付平臺，

而將支付寶的所有權轉讓給馬雲控股的另一家中國內
資公司。此舉未經過阿里巴巴董事會審批通過，雖然
贏得支付寶廣大的用戶市場，但嚴重損壞企業的信譽
形象。

註 4：2011 年 10 月，淘寶商城發佈招商續簽及規則調整公
告，主要內容是將技術服務年費從 6000 元調高至 3
萬元及 6 萬元兩個級距，漲幅為 5 倍到 10 倍。同時
提高商鋪的違約保證金，最高漲幅高達 150％。此舉
引發許多淘寶商城的商家嚴重不滿。

註 5：奇虎 360 與騰訊 QQ 爭鬥事件，是指 2010 年中國兩
大軟體公司奇虎和騰訊，互相指控對方不正當競爭的
事件。

1-3 從 Web 1.0 跨到 Web 3.0，你得⋯⋯

2014 年的 5 月 10 日，杭州還在下著小雨。我從京杭大運河畔的一家酒店出發，坐計程車沿著文一路一直向西，目的地是阿里巴巴集團在西溪的總部園區。在塞車的間隙，我偶然地看到阿里巴巴創立時的公司所在地——湖畔花園。「湖畔花園」四個字掩映在江南的朦朧煙雨和順著拱頂蔓延的綠植中，15 年前不會有人想到，從這裡會走出一家世界級的網路公司。

3 天前，阿里巴巴集團向美國證監會提交招股說明書，它的龐大估值和盈利能力已經是媒體議論的焦點。此外，招股書中顯示馬雲花費近 5000 萬美金，買下集團擁有的一架商務飛機所有權，這件事也被廣泛談論。我認識的一名阿里巴巴的員工說，他回到家時，連母親都向他打聽：「聽說你們公司給馬雲買了一架飛機？」

馬雲在招股書中表現出的無私反而不太有人提及，在其中馬雲承諾自己無意占有他投資的所有關聯公司收益，所有收益都可用來服務阿里巴巴公司。支付寶 VIE 事件

的另一隻鞋也在招股書中跌落，馬雲向董事會提交書面承諾，稱他在這家名為小微金融的新公司中，所占的股份和收益不會超過他在阿里巴巴集團中得到的。

5月10日被這家公司命名為「阿里日」。在這一天，公司將會向所有員工家屬開放，請他們來參觀，並與公司高管交流。於是，園區門口接待家屬的工作人員，代替了之前曾經站在這裡的偏執創業者。我曾經看到一個年輕的男人站在雨中舉著一塊牌子，上面寫著他想要推銷的專案，並保證它會讓馬雲和馬化騰動心，另一個人則保證他能幫助馬雲打敗騰訊的微信。

這個占地26萬平方公尺的園區，比阿里巴巴誕生時所在的整個湖畔花園社區都要大，主體建築由日本知名建築師隈研吾設計。園區像公園般擁有自己的湖泊與濕地，湖中有馬雲贈送的白鵝，也像生活區一樣擁有書店和咖啡館（要想在星巴克買到咖啡，至少要排上10分鐘的隊），同時它又像大學一樣擁有幾個互相競爭的食堂。這個龐大的園區為員工營造舒適的環境，讓不少員工感到自豪。

在這一天，整個園區中四處懸掛著與阿里日相關的海報和標語，包括相親大會和業務體驗在內的活動，吸引家屬和員工參與。曾經是雙十一發佈會會場的報告廳內，聚集著員工的家屬，一群吵吵鬧鬧的孩子爭著要上臺表演節目。高管會在這裡和員工家屬交流，回答各種問題，諸

如自己的孩子如果要結婚，是否能夠參加明年集體婚禮（2014 年的集體婚禮因為報名人數太多，而無法讓所有新婚的阿里員工參與）。

臨近中午時，原定要來與員工家屬見面的 CEO 陸兆禧仍然未能到場，因為他必須和馬雲一起參加一場重要會談。人群開始散去，門口站著的阿里員工為每位女性送上一枝花，高管中午則會在食堂為大家打飯。一位戴著員工卡的年輕長髮女員工邊走邊對她的父親解釋，往年幾乎所有高管都會出來見同事的家長，但是今年情況實在多變，因為阿里巴巴有可能成為中國最大的上市公司。

即使不考慮馬雲經常提及的「阿里巴巴平臺帶動的就業人口」，光是看著眼前的人群，也足以感受到人們對這家公司的感情。**阿里巴巴已經成為人們想就職的公司，並成為從政治家到普通人都會關心的對象，包括兩任中國總理在內的人，都對馬雲和阿里巴巴表達諸多期許。**已經不再是 15 年前創業時，無人知道的那家幻想改變中國商業世界的小網路公司。

BAT 是媒體對包括阿里巴巴在內的三家網路巨頭的簡稱，在各自的領域內都擁有巨大的競爭優勢，很多人稱之為「壟斷」，儘管這三個巨頭都反對這個說法。百度是搜索，騰訊是社交，阿里巴巴是電子商務，其中騰訊和阿里巴巴的市值都已經超過千億美元。它們在 2013 年進行大肆收購，試圖超越自己原先的優勢領域，向網路上的其

他業務蔓延，包括地圖、音樂、影片、手機遊戲等。

2013 年年底開始的兩家計程車叫車服務（滴滴打車和快的打車）的「燒錢」之戰，只是這場競爭的白熱化表現之一。如果細看這三家公司，會發現和 5 年前已經大不一樣，變化太迅速了。馬雲自己也說，**現在已經不能再將阿里巴巴僅視為一家電子商務公司。**

微信的重要性已經被無數的言論闡釋過，它被視為一款殺手級或國民級應用程式。2013 年，馬化騰在北京全球移動互聯網大會現場，接受央視談話節目《對話》採訪時表示，如果沒有微信，騰訊面對行動網路浪潮時也會出一身冷汗。借助微信，騰訊在行動電商和行動支付上開始重新具備大有可為的想像空間。它也被視為阿里巴巴最大的競爭對手，因為電子商務和網路金融一直是阿里巴巴深耕的領域。

馬雲在北京大學舉辦的阿里巴巴技術論壇上說，憑藉著包括餘額寶（註 6）在內的網路金融創新，阿里巴巴撼動著在此之前形同壟斷的國有銀行金融服務，他原以為騰訊會借助微信來撼動同樣形同壟斷的國有電信營運商，但是騰訊選擇去挑戰阿里巴巴。

當然，僅從外部觀察的角度，對騰訊而言，最理性的做法當然是挑戰同為市場產物的阿里巴巴，而不是三大電信營運商（註 7）。只需觀察國有商業銀行對待餘額寶的態度和反應就不難判斷，去動搖可以影響監管政策的大型

國有企業當然十分危險。

　　儘管餘額寶的七日年化收益率（註 8）已經跌破 5%，關於它是否具有創新性的爭論也一直在延續，但餘額寶毫無疑問仍然是 2013 年的年度產品。它的出現證明，支付寶重要推手彭蕾在與我交談過程中闡明的網路金融特徵：開放和平等。以往的金融理財服務具備一定金額門檻，並且贖回需要時間，而餘額寶這款網路金融服務產品可以即時贖回，同時任意金額都可以購買。它成功使很多不使用理財服務的中國人開始嘗試這類理財服務，包括使用餘額寶或者其他網路公司的類餘額寶服務。

　　的確不能再簡單地將阿里巴巴理解為一家電子商務公司，因為支付寶 VIE 事件拆分出的小微金融，在未來有很大可能會成為新的金融巨頭；阿里巴巴集團大手筆收購的娛樂文化類公司和天貓魔盒（註 9），讓這家公司加入了客廳覬覦者行列；還有建立物流網路，以及馬雲在公開信中提到的「雲」和「端」。這些都是這家公司想要傳遞出的新的想像空間。

註 6：餘額寶是支付寶推出的資金管理服務，將錢轉入餘額
　　　寶代表購買貨幣基金，並且用戶可以隨時將資金用於
　　　消費支出，創立初期年化收益率可達 5 ～ 7%。
註 7：指提供中國國內固定電話、行動電話和數據通訊等服
　　　務的三家公司，分別是中國移動、中國電信、中國聯

通。

註8：貨幣基金最近 7 日的平均收益水平，進行年化後所得出的數據。假設某貨幣基金當天顯示的七日年化收益率是 2%，並且今後一年的收益都維持相同水準，代表持有一年可獲得 2% 的整體收益。但由於貨幣基金的每日收益情況會隨操作和市場利率波動而不斷變化，因此僅能當作短期指標，參考近期的盈利水準。

註9：由阿里巴巴與數家廠商共同開發的網路機上盒，具備看電視、玩遊戲、線上購物等功能。

1-4 未來的網路平台，唯有「誠信」決勝負！

2014 年 4 月，馬雲以中國企業家俱樂部成員的身分，參加在南寧舉辦的中國綠公司年會。2013 年年會是在昆明，由王中軍主持的馬雲晚間演講——「天馬行空」成為年會最受歡迎的環節。當時他回答台下創業者各種問題，從如何處理合夥人衝突、家族企業接班到創業者如何處理兩性關係。但這一次，他卻百般推託。

最後，他接受安排舉行了一次在一小時內的閉門會議，參加者在 20 人左右，包括聯想集團創始人柳傳志、銀泰集團董事長沈國軍、李連杰和中國遠東控股集團創始人蔣錫培等人。

在阿里巴巴宣佈將到美國上市後，馬雲更加避諱在有媒體的場合公開露面。他說，公司的律師寫了無數封郵件，提醒他不要「在外面亂講話」。但當他露面時，人群之洶湧、想要進入閉門論壇的人數之多，仍然說明他受到巨星般的待遇。

後來在一次談話中，他向我講述他認為的「阿里巴巴

對商業世界的貢獻」。他說：「如果說 Google 是在拓展技術的邊界，**我們就是在用技術拓展商業的邊界。我們發揮的功能是把中國帶入真正的商業社會，儘管現在中國已經進入商業社會，但很多思路還是屬於農業社會。**」

他重複此前在幾個場合陳述過的言論，包括想要讓商人在中國成為受人尊敬的職業。2013 年在他宣佈辭去阿里巴巴集團 CEO 的演講中，他曾大聲宣佈：「我自豪我是一名商人。大家現在還是看不起商人，但商人是真正有效率的資源重新配置者。」

「如果阿里對中國社會有一些貢獻，我們希望是能把中國社會真正帶入講究契約、講究社會資源有效配置、講究把人類的創新與創造力激發出來的階段。我們在做這方面的努力。」

即便不考慮上市之後阿里巴巴集團的未來，這家公司對整個中國商業世界的貢獻已經不容抹殺。淘寶是少數真正改變人們生活的公司，阿里巴巴反覆宣揚的淘寶相關企業對就業和創業的貢獻，也並不是誇大之詞。

阿里巴巴在商業文化上的貢獻，可能沒有像所創造的就業機會一樣讓人印象深刻，但在商界卻產生一定的影響。雖然有人批評，馬雲的一些觀點是站在「道德的制高點」，但在相當長一段時間內，馬雲總是掛在嘴邊的「**新商業文明**」和「**誠信**」，的確也是中國國情所需要的。

以今日的眼光來看，阿里巴巴相關企業已經取得讓人

讚歎的成功，而能夠解釋這種成功的，除了外部商業觀察者分析的各種原因，如馬雲本人的領導力、運氣、資本的幫助、中國增長的紅利、商業模式之外，馬雲本人的解釋也有道理，他說，**在今天這個時代公司要想成功，必須為社會解決問題。**

馬雲說，2014 年是阿里巴巴的一個大年。公開上市將這家公司放到全世界的目光之下，所有對這家公司感興趣的人，從投資者到媒體記者，都可以獲取它的公開財務資料和營運資訊，然後發表自己的評論。這是一家受人矚目的大公司不可避免的命運，無論實際負責營運公司的人會受到怎樣的困擾。

這只是上市帶來改變的一部分，這家公司還會面對更多因改變而出現的挑戰。為數不少的阿里巴巴員工透過上市解決財務問題後，是否還能像之前那樣全力投入工作？COO 張勇說：「上市對團隊心態的改變會十分巨大，財富引起員工之間關係的變化，同時帶來惰性。」

另一個問題則是所有大公司都必然面臨的挑戰。無論馬雲和阿里巴巴是多麼讚賞小公司，但是這家公司已經成為一個巨頭。包括我在內的很多人，會懷念它以前是多麼酷。管理學大師克里斯坦森提出的「創新者的窘境」理論，正是為這些成功的巨頭量身訂製：講述巨頭如何因為已有的成功而錯過破壞性的創新——這種創新不可預期，卻會改變巨頭成功的土壤。

　　這家公司的領導者也已經意識到這個問題，他們曾果斷地分拆淘寶，努力將公司變小。當然，按照馬雲的一貫邏輯，他仍然堅持從人和文化著手來解決這個規律般的窘境。無論如何，未來會為我們這些外部觀察者展現他們的努力是否會成功。

　　所有這一切，都是在快速變化的年代，一個想成就偉大事業的中國公司的努力。用馬雲的話說，他們面對的挑戰是之前在書本上沒有記載過，卻正在真實發生的問題，而且不僅是阿里巴巴一家公司遇到的問題。因為**商業的邊界從來沒有如此模糊過，商業也從來沒有如此密切地深入人們的生活中。**

單元思考

　　從外界來看，可以說自從 1999 年在杭州創辦阿里巴巴以來，好運就一直在眷顧著這個小個子的杭州人。但其中甘苦，也許只有馬雲和他的創業夥伴們可以體會。馬雲踏上的是一條「光榮的荊棘路」，以童話寫作著稱的安徒生在一篇文章裡寫道：「光榮的荊棘路看起來像一條環繞著地球的燦爛光帶。只有幸運的人才能被送到這條光帶上行走，並被指定為不支薪的總工程師，負責建築這座連接上帝與人間的橋樑」、「踏上這條路的人會得到無上的光榮和尊嚴，但得長時間面臨極大的困難和失去生命的危險」。

NOTE

/   /   /

領導的藝術歸根究柢只有一句話：
面對現實，迅速變革，果斷行動。

——傑克・威爾許（美國 GE 前董事長兼 CEO）

Chapter **2** | Web 3.0 企業　京東

網路世界唯有
靠速度搶第一，
才有話語權！

2-1 為何「唯快不破」？因為規模就是話語權

> **李翔按**
>
> 成王敗寇一瞬之間。
>
> 在我為了寫這篇文章與劉強東交談時，京東仍然需要面對外界關於資金鏈的質疑。這篇文章寫完之後，還有人信誓旦旦地說，京東的資金鏈很快會斷掉，成為中國公司史上又一個失敗故事。
>
> 現在，京東已經是中國已上市網路公司中僅次於 BAT（百度、阿里巴巴、騰訊）的第四極。它的市值超過 350 億美元，按照營收計算還是中國唯一一家進入《財富》世界 500 強的網路公司（2016 年）。劉強東本人也成為極少接受媒體訪問的網路領袖人物之一，真是戲劇化的場景。
>
> 劉強東最終還是經受住了速度的考驗。他不惜代價燒錢建立的京東物流網路，也被證明是京東能夠抵抗住巨頭阿里巴巴進攻的最佳護城河。

　　拿到 15 億美元投資，創下中國網路歷史上最大數字的單筆融資額紀錄；2011 年 309 億銷售額，在規模過百億之後增長幅度仍接近 200%；2012 年因為有 36 億人民幣支出而成為史上花錢最多的一年；全年將新增員工 25000 名；密集空降高管……，劉強東和他創立的京東商城，能否駕馭這種看似瘋狂的增長速度與規模擴張？

　　藍燁是在京東瘋狂擴張背景下的又一個空降高管嗎？很顯然藍燁不是個衝動的人，他花費超過兩個月的時間來做出決定，而且在這期間還曾一度否認。當一名記者在 2012 年 1 月 30 日報導說，藍燁要離開宏碁中國區執行副總裁的職位，去擔任電商界的明星公司京東商城的首席市場官（以下稱 CMO）時，他矢口否認，說這則消息不實，自己「下週仍將去宏碁上班」。

　　藍燁頗富技巧的否認只持續了 15 天。2 月 15 日，京東商城宣佈對藍燁的任命。和前百度高級副總裁沈皓瑜、原甲骨文全球副總裁王亞卿一樣，他成為京東商城新高管的一員。他們的職務分別為 COO、CTO（首席技術官）和 CMO。如果再加上從凡客誠品離職後加入京東商城任高級副總裁的吳聲，在直接向創始人與董事會主席劉強東彙報的高管中，已經有四分之一是在半年內加入京東商城。藍燁是其中最新的一位。

　　「密集空降高管」，媒體引用分析師的話這樣報導。在 2010 年，京東也同樣有過一陣密集空降副總裁，不同

的是，那次是由於業務驅動，它伴隨的是京東商城商品品類的擴張。劉強東說，三年前這家公司只有一位副總裁。

「唯快不破」，在不景氣還未降臨之前，這句話成為中國新興電子商務公司的信條。借助湧入這個行業的資本支撐，它們可以依靠瘋狂的花錢速度來營造繁榮的幻象，吸引用戶的點擊和購買，然後迅速讓自己擁有更加光鮮的外表，以此來進一步融資，並希望最後能夠在這種循環中公開上市。

速度帶來規模，而規模帶來話語權和安全感。電商凡客誠品的創始人陳年開玩笑說：「希望有一天能收購LV，然後賣和凡客產品一樣的價錢。」他的言論引發軒然大波，有人讚歎，有人嘲笑。後來被人問及，陳年回答說：「你來問我這個問題，很簡單，因為凡客誠品現在太渺小，營收還不到 100 億，你才敢挑戰我。如果到營收有1000 億的時候，你還敢問我這樣的問題嗎？」**快，意味著能迅速變大；大，意味著江湖地位。**

如果用速度和規模當作衡量標準，中國的電子商務公司中沒有哪一家能比京東商城更健康，更能享受公司成長的快感。速度感不僅表現在京東商城銷售數字的增長上，它的消費額從 2008 年的 13.2 億，爆炸性地增長到 2011年的 309 億（根據易觀資料（註 10）），還表現在京東商城員工數字與高層管理人員的變化上。

「每半年我們的團隊都會有大規模的擴張。」2009

年 10 月加入京東商城、負責公司人力資源體系的副總裁關有民說。他用一句話描述加入後經歷的京東商城發展：「業務快速成長，團隊快速組建。」

「有一次在上海的咖啡廳，我從早上九點到晚上八點半不停地面試人。」關有民要尋找的，還只是京東商城的高級管理人員。由於京東商城自身的瘋狂增長，以及商業模式決定的自建物流和自營商品，讓京東商城的新增員工數量從以百為單位，持續上升到以千和萬為單位來計算。

駕馭著這輛高速前行戰車的劉強東說：「我們今年要新招 25000 名員工，明年可能新招 30000 名，這意味著每天都有 100 到 200 名新員工到職。」他接著說：「這對我們是很大的挑戰。」

註 10：易觀國際，中國科技及網路業最大的資訊產品、服務和解決方案提供商。

2-2 在年增長 **200%** 時，為何不該花大錢、做廣告？

　　藍燁不懂電子商務，但對 PC 製造與銷售是行家，或許還有精細化管理。2012 年他 42 歲，擁有一副壯碩的身材，以及超過 20 年職業生涯賦予的豐富經驗，講起話來不急不緩，分析起問題有條有理，表情和顏悅色，但總是掛著一種憂慮的神情。有人恭維他是這家公司管理團隊中重要的一員，他笑一笑說：「哪裡，只是一個新員工而已。」

　　他之前的職業生涯中，有將近 16 年的時間在聯想集團度過。23 歲大學畢業，藍燁便加入這家曾經備受讚譽的中國 PC 製造商，從普通的業務員，做到聯想集團負責大中華區 PC 銷售的副總裁。如果細細講來，這就是一個典型的職場成功故事。

　　2008 年 1 月，藍燁出任聯想移動副總經理，但半年後，聯想集團將聯想移動出售給包括弘毅投資在內的私募基金，藍燁也離開聯想集團，轉任方正科技總裁。當然，他可能沒有想到的是，一年後聯想集團就以翻倍的價格買

回聯想移動，行動業務也成為聯想集團的新重點。

接下來，又一次併購改變藍燁的職業生涯。2010 年 8 月，宏碁收購方正科技的 PC 業務，藍燁以 PC 業務負責人的身分，擔任宏碁中國執行副總裁和大客戶部負責人。

不過，只有這一次的職業變動是真正的滑出軌道：他離開熟悉的 PC 圈，加入一家電子商務公司，他先前幾乎沒有實際接觸過，只曾在上面買過手機，他說：「因為家裡其他東西都是我妻子買的。」

他當然知道京東商城。畢竟，劉強東從 1998 年起就開始銷售與 PC 相關的電子產品，而藍燁正是這個領域的重要人物之一，無論是在聯想、方正還是後來的宏碁。「我原本是他的供應商。」藍燁說。2011 年京東商城的大事記中，就包括在 3 月份時獲得宏碁電腦產品的售後服務授權。

「電子商務是一個新興的業態，在我們整個銷量中的占比偏低。所以，當時我跟京東商城的接觸，更多是從業務角度來看，為了覆蓋好市場，而選擇不同的管道。」站在供應商的角度，藍燁關注的問題很簡單：第一，京東商城是否能夠覆蓋傳統管道覆蓋不到的客戶；第二，為了覆蓋這個新的客戶群，需要付出什麼樣的成本，「我大概要給他留多少個百分點，他才會滿意，並且賣力地推我的產品」。

至於說這個企業有什麼經營理念與企業文化，它的長

遠戰略是什麼，這些問題並不在供應商的考慮範圍之內，大概除了公司創始人之外，也只有財經媒體和投資人才會關心。賣出產品和收回款項才是重要的事。

但是當藍燁接到京東商城的邀請，希望他能夠成為其中的一員時，就不能如此簡單地考量這家公司。他要考慮的問題和我們所想的一樣：京東商城究竟是一家怎樣的公司？它是否面臨著質疑者常常提到的「無法持續發展的風險」？他最大的顧慮是：「企業還在快速發展，擔心企業戰略、營運、管理上是不是有些潛在的風險，就是怕未來會出現問題。」

藍燁在傳統硬體行業中經營 20 年後，打定主意在重新選擇時，要換個讓自己有新鮮感的領域。畢竟，在 PC 這個經過充分競爭的行業，廠商也不多了，基本上是所有人都互相認識。接下來，他要像風險投資人選擇投資對象一樣，謹慎選擇自己將要加入的公司。

首先要看行業，「電子商務這個行業本身在快速增長，比我原來工作的行業成長性高很多」；其次，要看在這個行業中有哪些公司是「你覺得有希望或者更喜歡一些」；然後，還要看公司的創始人。他挑選賽道，也挑選車手。

藍燁在與劉強東見過一次後，提出一個要求：「我想跟京東的主要管理團隊成員進行面對面的溝通。」人力資源副總裁關有民安排這次非正式的溝通。在北辰世紀中心

京東商城辦公室旁邊的咖啡館內，五名京東業務、職能和價值鏈管理方面的高管，以個人的身份與藍燁進行交流，「要問什麼問題我都事先做了準備，瞭解完之後，我大概就對整個公司有了較深入的瞭解」。

他堅持的換工作方法論是：首先，看這個公司的未來是否能夠持續發展，平臺是否越來越好；其次，個人與這個平臺的匹配度如何，是否能夠雙贏，「這個舞臺需要貢獻的價值，和我自身具備的價值是否匹配」；第三，個人的價值觀和企業文化是否匹配，「不匹配也挺麻煩的，因為你到時候得老裝著，實際上心裡又不這麼想」；最後則是薪資待遇，對於藍燁而言，從一個成熟業界的成熟公司離開，加入一個發展中業界的發展中公司，他獲得的報酬形式也會發生變化。

當然，既然他已經選擇成為這家公司的 CMO，不用問也知道他透過自己的研究，對這家公司的未來得出怎樣的結論。他說：「國內許多企業只是想趁剛開始時搶占機會，但是不太務實。有些企業，你聽名氣、看廣告和報導、聽公司領導人的談話，都覺得不錯，但實際上整個業務的健康程度不太好。」他在與京東商城的高管溝通，並分析外部資訊之後，認為京東商城不屬於這種類型的公司。

「從整個電子商務的商業模式來講，目前這個行業的盈利狀況都不好。但是京東較兼顧規模的增長與核心競爭

力的建設。它不光是透過燒錢來發展公司規模，還把很多錢花在核心競爭力的建設上。這樣看來京東商城還是要做眼光長遠一些的公司，而不是曇花一現的企業。從這個路數看來，我覺得整個企業的思路算是靠譜。」藍燁說。

他說自己也很認同劉強東和京東商城傳遞出的**務實與注重客戶體驗的文化**，「很多事情都是以客戶為準」。例如京東商城並沒有利用自己網站上的巨大流量大肆做廣告，雖然這樣一方面可以討好自己的供應商，另一方面可以迅速帶來巨大的現金收益；或是在遇到客戶退貨時，京東商城確立首先讓客戶滿意的原則，然後回過頭來檢視：產品的問題是否與供應商有關，是否可以透過商業談判來讓供應商承擔損失。

當然，這並不是一家天衣無縫的公司，更何況這家公司連續幾年以 200% 的速度增長，速度和速度帶來的組織膨脹本身就會造成問題。「如果把企業的生命週期分為創業期、快速成長期和成熟穩定期，我覺得京東還處在第二個階段，不可能說公司的整個管理系統和流程總能和業務每時每刻都相匹配。**一定是規模增長快，管理系統在後面追**。所以你要問我這個階段有沒有這種問題，我會說肯定有，而且是不可避免的。」藍燁說。

這些問題並沒有讓他吃驚。他表示自己在聯想集團時，就已經目睹過公司在快速成長期會碰到的問題：「快速成長過程中，管理系統較為粗獷，現有的管理制度和流

程是在規模小的時候制定的，規模變大後肯定需要調整，還會有一些效率和管理上的嚴密性問題。」當他在京東商城身上看到這些問題時，「坦白說我並不是很意外」。

藍燁將這些快速成長期碰到的問題，歸為可控風險之列。他又一次以投資為例，說明做投資的 VC（風險投資）和 PE（私募股權投資）也是看企業的這些方面：**公司的整體戰略方向與商業模式、企業文化和商業模式與戰略的匹配程度、核心管理層和創始人的領導力與學習能力。**「至於管理上是不是有漏洞，高速發展下管理體系是不是能跟得上，這些問題肯定都是有的。」

在劉強東和藍燁第一次見面，談論藍燁是否可能到京東商城任職時，劉強東也表達對藍燁要扮演的角色的期待，即提高京東商城在行銷上的管理體系精細化程度。藍燁解釋：「這也是企業發展到現階段的戰略需求，因此會考慮符合這種需求的相應人士，然後再透過中間的朋友介紹。」

這種思考也解釋了京東商城在 2011 年下半年的密集空降高管行為。如果說 2010 年的密集空降副總裁是因為具體業務的驅動，那麼 2011 年的又一輪密集空降高管，則是出於完善公司管理的需求。京東商城人力資源副總裁關有民說：「這是公司戰略反映在團隊上的表現。」

但是，一位阿里巴巴集團的管理人員評價說，京東商城 2010 年和 2011 年在組織上的快速擴張，包括空降兵密

集降落，讓他想起阿里巴巴曾經的類似經歷。

在阿里巴巴，這種經歷隨後帶來的結果是，2000 年時馬雲宣佈阿里巴巴進入緊急狀態，COO 關明生舉起裁員的利劍。馬雲為此痛苦不已，他在打給同事的電話中說：「你覺得我是個不好的人嗎？這些人願意留在公司，現在因為我的決策失誤卻得離開，這不是我想做的事。」馬雲對空降經理人的做法也表示反省：「2001 年時，我犯了一個錯誤，我告訴 18 位共同創業的同仁，他們只能做小組經理，而所有副總裁都得從外面聘請。」

後來，阿里巴巴聘請的職業經理人大多離開。這在公司發展史上屬於常見問題：**初創公司需要成熟的經理人來幫助它們解決公司管理問題，但這些成熟經理人往往自己也成為公司的問題，直到被迫離開。**

在中國網路公司發展歷史上，新浪和網易都曾面臨過職業經理人和創始人發生分歧，乃至劇烈爭鬥的情形。另一種情形則是，職業經理人完成使命，幫助初創公司完善管理後順利離開，但這家公司仍然難以逃脫媒體詬病。

2-3 砸大錢引入新血，就能快速達成營業目標！

關有民並不認同上述評價，而且也有自己的擔憂。在被問及對於快速擴張的組織而言，身為人力資源官最擔心的問題是什麼時，關有民回答說：「在不同背景、不同理念的經理人大規模進入時，如何保證公司的文化和價值觀能夠落實，以及如何制訂公司的人才培養和繼任計畫。」

劉強東並不是沒有意識到這些問題，從創業開始他就強調「先人後企」。當問到京東商城可能面臨的風險是什麼時，他毫不遲疑地立即回答：「風險永遠都在團隊。**企業的成功和失敗永遠都是因為團隊，只有這一個因素，沒有第二個。**」

他不僅僅是對著採訪筆才這樣說。在京東商城的內部年會上，劉強東為公司確立年度的交易額目標。然後他自問自答道：「我們怎麼實現？希望永遠只有一個回答：靠我們的團隊。永遠沒有第二種回答。」

因此，他在內部將培訓描述為 2012 年京東商城的最大戰略：「今年我們要新增 2.5 萬名兄弟，這意味著到

2012 年底時，全國員工將達到 4.5 萬。如果沒有培訓體系，公司的戰略是無法實現的。」

他駁斥依靠從外部挖人的做法：「有的人說，招唄，挖啊！但是我想，京東所有的老員工都知道，這絕對不是京東人的做法。培養和培訓人才是最花時間、成本最高的選擇。但也唯有如此，才能讓公司實現持續的成功。」

不過，在面對採訪時，他能巧妙地掩飾自己對團隊的這種焦慮。針對龐大的新增員工數目，他說：「其實從擴充比例來說，今年已經是歷史上比例最小的，因為新招來的員工人數只比老員工多幾千人。過去是年初還只有 1000 人，年底就 3000 人了，新招的人是老員工的兩倍。」

針對如何管理已經變成龐然大物的組織，他說：「其實很簡單，我管的就是十幾個人，只要選對這十幾個人就可以了。每天工作十幾個小時，就管理這十幾個人，有那麼複雜嗎？我選對十幾個人，他們每個人再選對十幾個人，龐大的組織就這樣一點一點建立起來。很簡單的一項工作。」

話雖如此，劉強東在公司管理上以事無巨細著稱。他聲稱在每日的高管早會上，會用超過一半的時間來討論各種細節問題，例如發給用戶貨品所採用的包裝等，這些問題當場就會得到解決。

而且，毫無疑問，管理數萬人的公司是個巨大的挑

戰。**無獨有偶，和京東商城一樣，阿里巴巴集團也將內部幹部培訓和組織完善列為重要工作。**阿里巴巴集團的CMO 王帥說：「我們誰也沒有管理過員工超過 20000 人的公司。」他認為這是一項非常重要的挑戰，而且在此過程中出現任何問題都可以理解。在大多數人看來，阿里巴巴集團的管理和公司文化，都比快速膨脹的京東商城要完善一些。

人力資源副總裁關有民說，目前京東商城的組織結構中，總監和副總裁級別的管理人員內，外聘的比例會大一些，但是也有自己培養的高管。

他隨口舉出三個例子，分別為負責財務、IT 系統和消費類電子產品的副總裁級別管理人員。在基層管理人員中，根據他的統計，約有 47% 的管理人員來自內部的培養和晉升，但這遠遠沒有達到劉強東的期望。「我們一直在努力，希望做到 60% ～ 70% 的管理幹部是由內部培養，而不是從外部引入。」劉強東說。

關有民表示：「劉總今年把培訓上升為公司戰略，也是希望透過公司的培訓文化，讓這些新加入的經理人在兩三年內成為真正的京東人。」

京東擁有一套頗為複雜的培訓體系。關有民和團隊制定出七項課程：「我們現在的到職速度太快了，因此希望透過這樣的體系，能夠涵蓋從基層員工、基層主管再到高層經理，提高員工的整體能力與素質。」（這七項課程分

別為：融入之行──新入職課程；亮劍之旅──拓展訓練課程；明日之翼──職業化課程；精英之路──業務進階課程；跨越之階──管理進階課程；制勝之道──領導力課程；京東之魂──核心價值觀課程。）

除了這些課程之外，京東商城頗為著名的課程還有從2007 年開始的管理培訓生專案。這項針對應屆畢業生的計畫被稱為「鷹計畫」，目的正是為這家組織規模快速膨脹的公司培養管理人才。

入選的應屆畢業生首先要接受一個月的封閉軍訓，在軍訓期間會完成對公司歷史、文化與價值觀的培訓。接下來，這些年輕人會在京東商城的各個業務部門進行輪調：倉儲、配送、客服、採銷、售後、行政及財務。即使是瘦弱的女生，也必須像京東商城的快遞工作人員一樣，穿上紅黑色的工作服為客戶送貨。在輪調三到五個月之後，他們會根據自己的興趣選擇工作，京東稱之為「第一次定崗」。工作一年之後，管培生可以再次選擇工作部門。

劉強東本人對這些雛鷹愛護有加，讓他們參加只有高層經理才能參加的管理層早會，主動帶他們參加商務活動，甚至可以隨時向他彙報工作或交流。已有的五屆近300 名管培生，被視為京東商城的「黃埔軍校」學員，到目前為止，已經產生 3 名總監級管理者和 30 名經理級管理人員。

針對已有的中低層管理人員，京東透過「管理幹部

培訓班」為他們提供培訓，職外訓練（註11）至少100天。培訓完之後，這些人可以再次選擇崗位。

對高層管理人員，劉強東則大手筆地送他們去讀MBA和EMBA。他慷慨地表示：「在2012年，我希望能把京東所有總監以上的同事分批送到國內一流的MBA學校學習。不僅所有的學費由公司出，每年還給每人兩到三萬的交流費，沒有培訓協議，即使在此期間離開也不用付違約金。他們已經為公司工作許多年，做了很大貢獻，即使要走，這就當是公司送他一個禮物。」

在透過「星火計劃」和部隊合作，招聘退伍士兵到京東的物流部門服務後，這家公司也專門為這些退役軍人開設「星火計劃集訓營」，希望能夠用兩個月的時間來進行集中培訓，讓他們成為供應鏈系統的基層儲備幹部。服務於京東華南倉儲的退役軍人江體輝說：「如果把部隊當作一座山頭，京東是另一座山頭，我現在要做的就是從部隊這座山上下去，再從京東的山底重新攀爬。」

劉強東自己則強調針對配送體系的「十百千工程」。它指的是京東希望於2012年在配送體系，培養出10名總監級別高級經理人管理大區，幾百名城市經理負責協調城市內站點配送，以及至少1000名以上的站長。

這個快速成長的公司，確實為任職其中的年輕人提供迅速晉升的機會。尤其在配送體系，它的倉儲面積和站點不斷增加，不少新員工在到職兩年後便成為管理數十名員

工的管理人員。這種情況和高速成長期的星巴克一樣,由於開店速度飛快,普通店員會在兩到三年內晉升為店長。

劉強東在京東的年會上說:「在 2012 年,我們要給所有的管理人員提一項硬性指標:以後想獲得升職,就要告訴我你培訓了誰。你升職後誰來替代職位?如果沒有,就繼續做下去,喪失升職的機會。……我們的隊伍越來越龐大,如果沒有這樣的培訓體系,總有一天會失敗,我們一年、兩年甚至十年的青春和汗水都會付之一炬。所以大家,尤其是中階幹部,現在就要開始好好考慮:誰是你的培養對象。」

京東商城方面提供的數據顯示,這家公司 2011 年花在培訓上的費用接近 1000 萬人民幣,而在 2012 年則會超過 2000 萬。

註 11:Off-the-job Training(Off-JT),指在工作現場以外的地方進行訓練,提供以團體為基礎的訓練機會,是一種脫離直接工作的教育研修,可透過知識學習、人脈形成等方式,提升個人知識能力及組織整體績效。

2-4 記得！「用戶體驗」才是交易額長紅的根本之道

　　在距離京東商城辦公室幾步之遙的北辰洲際酒店內，劉強東在媒體面前最後一次亮相。他的副總裁吳聲說，這是劉強東最後一次接受媒體訪問，而京東的 CMO 藍燁則是第一次亮相。劉強東穿著一件淡色帽衫，裡面是一件黑色長袖 T 恤，一手拿著麥克風，一手插在休閒褲的口袋裡，活力十足地在台前走來走去，回答記者提出的各種問題。當一個提問的記者表示自己是京東商城的忠實用戶時，劉強東向她輕輕一鞠躬。

　　「我們歡迎蘇寧（註 12）這樣的傳統企業致力投入線上銷售。」在 2 月 20 日京東商城電子書刊上線發佈會（註 13）上，劉強東回答記者的提問時如此表示。

　　他說：「大家一起努力把蛋糕做大，在維持現有份額不變的情況下，京東的業務也會變得越來越大。**如果這個行業只有一家企業在做，那是永遠都做不大的，也永遠無法成為業界裡巨無霸型的企業。**」

　　這個現今最耀眼的商業明星，向蘇寧的電子商務公司

「蘇寧易購」表示歡迎，這也是對競爭的歡迎，其勁頭有點類似於當年年輕的蘋果公司在報紙上刊登廣告：「真誠歡迎 IBM」。

其後不久，3 月 4 日蘇寧電器的創始人兼董事長張近東，在北京某家希爾頓酒店內請媒體吃飯，他端著酒杯挨桌敬酒，半開玩笑般地對記者說：「你們不要老是去關心那些雖然有 200 億銷售收入，卻還在虧錢的公司。」之前，張近東就曾經開玩笑似地說過：「有人告訴我一家公司有 100 億的銷售收入，我就想，它該多賺錢啊，但是它卻說自己是虧損的。」

張近東比劉強東年長 9 歲，他在 2010 年雄心勃勃地宣稱，蘇寧要做「沃爾瑪＋亞馬遜」。他已經建立起一家千億級的公司，但不滿足於此，希望透過「再造另一個蘇寧」來讓自己更進一步。

劉強東對此的回應是，傳統的零售企業已經相對成熟，而電子商務則是一個新興行業，新行業剛開始的投入期很長。他說，京東不同於騰訊這類提供虛擬產品和服務的網路公司，「在京東，你想得到產品就必須花錢。這是非常嚴肅的生意，必須要有超大規模的投入才能保證客戶花的錢值得」。

「我們的規模在過 40 億時就已經可以盈利，但是這不代表一定要盈利。我們不盈利不是因為毛利低或成本失控，原因只有一個，就是我們最近幾年都屬於大規模投入

期。大部分公司在這個階段都是不盈利的。」

　　為什麼要大規模投入？他說：「電子商務需要大規模投入，不投入就無法保證用戶體驗，無論你今天多麼欣欣向榮，早晚有一天會被客戶拋棄。」

　　一位曾幫助一家知名基金對京東商城做投前盡職調查（註14）的研究人員則說，在他看來，京東商城的盈利的確是個問題，並不像劉強東所稱那樣輕而易舉。同時，他也說，**京東商城可以選擇透過協力廠商服務來解決物流和倉儲問題，這會大幅度降低京東商城的營運成本，但是京東選擇自建。**

　　在劉強東的時間表內，這種大規模投入將至少再持續兩年，這意味著京東商城的盈利期可能會在 2014 年之後。2012 年更是京東史上花錢最多的一年，這一年劉強東在京東的資訊系統建設上花費 5 億人民幣，在物流系統上再花掉 31 億，加起來共支出 36 億。「明年就不用支出這麼多錢，因為今年剛好六個專案同時支出，土地款、建築款、設備款，都需要大規模集中支付。」

　　如果我們看到的關於京東商城的資金資訊都屬實，那麼它有足夠的現金來支付這一切。自從 2011 年 4 月京東宣佈自己獲得包括俄羅斯數位天空技術（DST）、老虎基金和高瓴資本在內的投資者 15 億美元融資後，已經很少有人會再質疑這家電商公司是否面臨資金鏈斷裂的困境。

　　這 15 億美元，是自阿里巴巴獲得雅虎的 10 億美元投

資後，中國網路歷史上最大的一筆融資。一位和老虎基金接觸過的投資界人士表示，老虎基金的背書對她來說尤其有說服力，因為她很少看到像老虎基金這樣認真謹慎地去做投前研究的投資基金。

但是劉強東仍然會被關於盈利與上市的問題包圍。他開玩笑說，這兩個問題他已經回答過不下 2000 次，但是仍然每次都會被人問及。

劉強東說：「我們一直回答說自己沒有準備去做 IPO（註 15），我們確實沒有準備。現在每天忙的事就是如何投資、投資、投資，把我們的服務能力迅速擴大，保證到年底時能夠擁有單日 120 ～ 150 萬單的服務能力。我們根本沒有時間去想 IPO 的事。」

「沒有精確的上市時間表，也沒有投資人的壓力。」他表示對於投資人，「見面第一天我就說得很清楚，你給我的就是錢，除了錢之外，你就在旁邊等著。當然有可能成功也有可能失敗，但你有你自己的投資理念，對不對？任何投資人都必須閉嘴，永遠不要跟我談公司怎麼營運，怎麼賺錢的問題」。

「我不認為你能給我帶來團隊和經營理念，鬼扯！如果是這樣，你給自己投資就好，還是百分百股份，為什麼要給我投錢？」

如果既不關心 IPO 的問題，暫時不用考慮盈利的壓力，也不用理會投資人的建議，那麼劉強東的心思集中在

什麼問題上？

　　不管你信不信，他說京東商城的增長速度正在對他形成困擾。「跟過去相比，我們的增長速度在緩慢地下降，但是 2012 年一開始到 2 月 14 日的財務狀況，還是讓我們有點不滿意，增長速度還是超出了我們的預期，遠遠超出100%。」

　　他希望將京東商城的年增長速度控制在 100% 左右。按照這個設想，相對於 2011 年的 309 億銷售額而言，2012 年京東商城的銷售規模應該超過 600 億。等到京東商城的銷售額達到 500 億規模之後，劉強東說：「我希望它的增長速度有 60% 到 80% 就夠了。到幾百億的規模，老實說，再增長百分之幾百是要出問題的，是會出大問題的。」他以一個遞進句來表示強調。他的口頭禪是「老實說」，意思是無論你信不信，反正他是信的。當他想要強調某件事時，總是會以「老實說」當作開頭。

　　劉強東說：「我們的投資不管再怎麼瘋狂，也跟不上京東商城的增長速度，所以其實從去年開始，我們就刻意地降低增長速度。要不然用戶體驗會大幅下降，得不到保障。」

　　用戶體驗也是他反覆提及的一個詞。你問他京東商城花錢的原則是什麼，他回答用戶體驗。你問他最主要的精力放在什麼地方，回答是用戶體驗，還毫不客氣地封自己為「首席體驗官」。你再問他京東商城在市場中領先的原

因是什麼，答案還是用戶體驗。那麼，京東商城跟競爭對手（淘寶）的區別在什麼地方呢？答案不是「叫你親不如品質精」，同樣是用戶體驗。他聲稱自己每天會用兩個小時，即六分之一的工作時間，來瀏覽伺服器後臺上用戶的各種留言和評論，其中有些評論涉及的問題，還會在高管早會上提出。

「真的不是我在說打牙祭的話，**增長速度太快，帶來的最大風險就是用戶體驗下降。**」劉強東一臉真誠地看著訪問者：「我們的服務能力無法支撐這麼多用戶。今天我們是 45 萬客戶的服務能力，明天突然來了 55 萬，那意味著可能一下子就有 10 萬客戶對你不滿意。到處都會有人罵我們，所以不能太貪婪。」這成為劉強東最大的擔憂：訂單多到超過服務能力，繼而引發使用者不滿，最後拋棄京東。

儘管在 2012 年我們明顯能看到京東商城的廣告出現在熱門的綜藝節目《非誠勿擾》，以及影院和電視上，但劉強東仍然說，京東商城為了降速，「老實說，每年年終開會，都是來砍市場費用的。我們經常把好幾個月的所有行銷費用全撤掉」。

一句題外話是，京東商城的密集廣告投放也讓人質疑，這會降低京東的毛利。劉強東對此說法同樣嗤之以鼻：「我們每年在行銷上的投入比例就是 1% 左右，高的時候比 1% 多一點，低的時候 0.8%，從來沒大變過。我

們今年還是這個比例，但你不要忘了我們今年至少有 600 億的銷售額。」他笑了起來，然後做個簡單的數學題：「這 1% 的比例就是 6 億。行銷投入占銷售的比例，京東商城肯定是最低的，我相信你找不出另外一家企業，它的行銷投入只占銷售總額的百分之一點幾，任何一個企業都不可能這麼低，但是我們做到了。」

至於不得已的降速，劉強東承認這正是因為公司後臺服務體系的建設，沒有跟上公司的增長速度。但是，「投資也是一門科學，必須根據增長速度適當控制。過分投資會浪費太多錢，企業支撐不住；而投資跟不上增長，用戶體驗又要出問題。我們多少年來一直在研究，如何保持投資和增長速度相對的匹配。但是不管怎麼說，不可能百分百地 match」。這正像藍燁所說的公司管理系統的完善和公司增長速度的匹配一樣，非常難以做到。

接受採訪時，劉強東剛結束一個哈佛大學的短期學習項目。他讀過中歐商學院，號稱自己每個月至少會讀一本書，充分利用在飛機上和洗手間內的零碎時間。他解釋：「你必須要有學習的心。」

「你要接受這一點，即一個企業的創始人和 CEO，往往是這個公司最大的瓶頸。團隊出問題，首先都是 CEO 出問題之後，再把團隊帶到錯誤的方向，導致公司最後的失敗」，因此要懷有謙卑、恐懼失敗的心理。劉強東稱，這是他有強烈學習欲望的原因。

他將精力全部用在公司事務上。有一次他參加一個頗為隆重的企業家活動，不斷問身邊的人：「現在臺上講話的人是誰啊？」「哦，是俞敏洪，做新東方的。你不知道嗎？」「那個人呢⋯⋯」

「當時，除了柳傳志等有限的幾個企業家之外，其他人他似乎都不認識。」一位活動參加者回憶說。

他有一個簡單而模糊的夢想：「做一番事業。」他想要創建一家公司，擁有很多員工，而且能和公司一起成長，分享公司創造出的財富，「活得像個人樣」。這讓他給每個京東商城的快遞員都繳納四險一金（註16），並且將自己所持超過 70% 的股份分給員工。

他講起自己 2011 年最大的遺憾：「沒有實現對配送兄弟們的承諾。」2010 年時，劉強東對 100 多名配送員工承諾，2011 年他要請京東 11 個配送站的兄弟吃飯，陪大家聊天，但「最終只去了 7 個配送站，愧對我們的配送兄弟」。

他清楚外界對於他和京東商城的疑慮，但對此不屑一顧，認為只是因為京東不符合評論者的經驗認知，才招致批評。「老實說，任何行業成功的公司，都是突破常識和經驗後才能成功。符合人們常識和經驗的企業，要不就是壟斷行業的國企，要不就只能變成一家平庸的公司。」

他對成功和競爭有著不加掩飾的熱愛。「只做第一，不做第二」，劉強東喜歡這個曾經掛在京東商城蘇州街辦

公室的標語。

「我討厭第二！」劉強東明白，要想成為第一，僅有速度是不夠的，甚至是危險的。無論做多麼充分的準備，他仍然必須面對懸掛在這家公司頭上、隨時可能掉落的達摩克利斯之劍（註17）。

只要京東一天不用詳盡可信的財務資料來說服別人，就隨時可能冒出資金鏈、盈利與上市問題。劉強東為了解決資金問題而拿到高額的融資，這是否會威脅到他的控制力。他為解決公司管理問題而快速組建高管團隊，這個團隊自身的磨合和運行也可能會出現問題。他為應對業務的快速增長而使公司員工規模迅速膨脹，但駕馭這個龐大團隊自身也成了問題。

註12：中國知名的連鎖零售企業，以電器用品起家，目前業務範圍已橫跨地產、快遞等領域。

註13：京東商城於 2012 年 2 月 20 日舉辦發佈會，正式宣布進軍電子書市場。

註14：指在簽署合約或其他交易之前，依特定注意標準，對合約或交易相關人及公司的調查。

註15：Initial Public Offerings，指首次公開募股，又稱首次公開發行、股票市場啟動，是公開上市集資的一種類型。透過證券交易所，公司首次將它的股票賣給一般公眾（可分為個人或機構投資者），並透過這

個過程轉為上市公司。

註 16：指中國用人單位給予勞工的幾種保障性待遇合稱。
　　　四險為社會保險中的養老保險、醫療保險、工傷保
　　　險和失業保險，一金指住房公積金。

註 17：The Sword of Damocles，或稱懸頂之劍，典故出自古
　　　希臘傳說，隱喻著臨頭的危險。

單元思考

　　劉強東清楚外界對於他和京東商城的疑慮。但是他對此不屑一顧，認為只是因為京東不符合評論者的經驗認知，才招致批評。「老實說，任何行業成功的公司，都是突破了我們的常識和經驗後才能成功。符合人們的常識和經驗的企業，要不就是壟斷行業的國企，要不就只能變成一家平庸的公司。」他對公司「成功」和「競爭」有著不加掩飾的熱愛。「只做第一，不做第二。」劉強東喜歡這個曾經掛在京東商城蘇州街辦公室的標語。

"

當你相信一件事情的時候，
你最好是毫無疑問地相信它。

——華特·迪士尼（華特迪士尼公司創始人）

"

Chapter **3** |

電商客戶的抽成策略，讓它市占率成長百倍！

3-1 如何精確做好市場調查？把錢花在刀口上！

"

李翔按

餓了嗎開始成為一家重要公司的標誌之一，是它成為 2016 年央視 3‧15 晚會（註 18）的曝光對象。

第二天我在上海見到張旭豪。在一檔電視談話節目中，張旭豪是嘉賓，我是點評嘉賓。原本以為因為 3‧15 的負面報導，他會推掉節目的邀約，但他還是準時來了。而且還按照節目開場的設計，給每一個節目嘉賓送來外賣飲品。

除了 3‧15 之外，當時另一樁還沒最終落地的消息，是餓了嗎是否接受阿里巴巴集團投資，並且與阿里巴巴旗下的口碑外賣合併。

因此，當時的張旭豪可謂是全身敏感點。不過，他還是以超出自己年齡的老練，把所有關於公司的敏感問題全都圓了過去。然後憑藉自己在公司內部的一些逸聞，以及回應逸聞時的機智，把全場

人都逗得哈哈大笑。阿里巴巴的投資，讓這家原本處於風口浪尖的公司暫時處於安全地帶。

張旭豪可以暫時鬆一口氣，終於解除來自資金層面的壓力。在另一端，他最大的對手美團網和大眾點評合併後，整合和融資都會占據 CEO 王興的很大精力。外賣 O2O（註 19）戰場暫時陷入相對平靜的狀態。張旭豪可以抽出精力專注於內部管理，修整由於速度過快帶來的後遺症，同時規劃公司的長遠未來。

"

一家大學生創業公司，在遭遇燒錢競爭、巨頭碾軋和資本追逐後，一躍成為中國最受矚目也最有價值的初創公司之一。**它是時代精神高度凝聚的符號：創業熱潮、O2O 風口、殘酷競爭與補貼大戰、巨頭格局下的合縱連橫，以及一個「成功」的創業故事。**當然，你我皆知，故事仍沒有結束。因為所有這些造就故事的力量也都沒有消失。

2014 年 8 月，這家名叫拉裟斯的上海公司正在慢慢習慣「戰爭」的狀況——公司的全稱是拉裟斯網路科技（上海）有限公司。這個名字印刷在公司藍色名片的正面，第一次看到這個名字的人往往會不知所措，這時候遞出名片的人會提醒你翻看背面，那才是這家公司最廣為人

知的名字：餓了嗎。拉紮斯來自梵文，它的意思是熱情和信仰，很多年前由公司的創始人張旭豪想出來，讓所有第一次聽到的人都有不明覺厲（註 20）的感覺。

從 2008 年兩個上海交通大學的碩士研究生在宿舍裡萌生想法，思考著創辦一家解決外賣問題的公司開始，他們要面對的就是層出不窮的競爭對手，例如早年同樣在上海交通大學校園創業的外賣公司「小葉子當家」，或是後來他們在各城市遇到的本地外賣服務公司。但競爭的升級從 2013 年才開始，真正慘烈的競爭則從 2014 年開始。

甚至不能用「逐步升級」來描述這種變化，競爭就像是從冷兵器時代一躍進入核戰爭時代。阿里巴巴集團旗下的「淘點點」、新生代巨頭美團網的「美團外賣」以及隨後百度旗下的「百度外賣」先後衝入這個市場。「扔一顆核彈過來」這種說法也開始在他們談論競爭對手時出現。當然，他們也是競爭的獲益者。

競爭迫使這家公司拼命向前奔跑，他們的員工數量、業務擴展的城市數量、每日訂單的數量和公司估值也都在以令人匪夷所思的速度增長。

舉個例子，2013 年年底時，這家公司還只有兩百多名員工，在 2014 年和 2015 年，員工數量的增長從 1000 人到 2000 人再到超過 10000 人、15000 人。這家公司也一步步成為中國最有價值的初創公司之一，公司的估值不斷變化，如今已經逼近 50 億美元。

　　不過，2014 年的 8 月卻是一個驚魂時刻。

　　羅宇龍拿到的一份數據讓他大吃一驚。出生於 1988 年的羅宇龍大學學習的是電腦，在上海交通大學讀書期間，得知這家由學長張旭豪、康嘉等人創辦的公司。他使用過這家公司的外賣訂餐服務，並試著給它發郵件，接著，在微軟亞洲研究院實習半年後，加入這家公司——餓了嗎很多早期員工都擁有類似的經歷，先是成為用戶，然後忍不住提點意見，之後放棄當時看來更體面的工作加入這家公司。

　　在歷經技術、營運和北京市場負責人等職務後，聰明、強硬和執行力強的羅宇龍迅速成為這家公司最核心的成員之一。

　　聰明毋庸置疑，而執行力是這家公司能攻城掠地的重要原因，至於強硬，羅宇龍自己說，他的強硬是受到 CEO 張旭豪的影響。他們之間的溝通方式，在早期的主旋律中經常是張旭豪「劈頭蓋臉」地一頓痛罵。

　　強硬也是張旭豪被反覆提及的領導風格，有些時候作為褒義，有些時候作為貶義。這倒也並不奇怪，如果創始人和公司不擁有這種強硬的性格，這家由毫無工作經驗的大學生創辦的上海公司，必定會在包括美團和百度在內的競爭對手擠壓下屍骨無存，就像中國網路領域內無數次上演過的故事一樣。

　　之所以吃驚，是因為這份資料傳遞出的資訊，和先前

餓了嗎高管所得到的資訊並不一致。這份資料綜合收集一線員工掌握的細節情況。羅宇龍相信這份資料，儘管資料呈現出的事實並不是他一直認為的那樣。

此時羅宇龍負責一個名叫「發改委」（註 21）的機構。這個機構在 2014 年的 4 月份由 CEO 張旭豪提議設立，成員包括他本人、COO 康嘉、資深副總裁閔婕和羅宇龍。

在帶領核心成員與諮詢公司 PwC（註 22）吃完晚飯之後，張旭豪把他們留下，提議成立發改委，藉此來統一處理這家公司在高速發展過程中，所遇到的各種不知該如何歸屬職權的管理問題。事後看來，發改委更像是餓了嗎的戰時經濟管理委員會，至關重要，但只存在一年。

「我們之前得到的資訊是，美團在各個城市的市場份額與我們有一段距離。但是，那份資料顯示，它在高等院校的市場份額離我們不遠了。」羅宇龍說。

高等院校正是餓了嗎賴以起家的市場，但資料顯示優勢不再明顯。他把這份非常詳實的資料發到公司高管群時，已經過了晚上十點。但是看到資料之後，張旭豪隨即召開會議，晚上十二點在他的辦公室開會。

「我們當時需要消化一下，大家還不太能接受這個事實。但是接受之後，馬上就要改變市場策略。」

改變的核心是兩個字：補貼（或者說燒錢）。**在這一輪的網路公司競爭中，金錢就像能源，透過不斷地投錢、**

不斷地補給燃料，這些公司的增長速度才能更快。 喜歡賽車的張旭豪當然明白這個道理。當他發現自己已經有落後的危險時，唯一且最好的方法，就只有繼續踩踏油門。否則，就只好站在旁邊不斷地抱怨汽油的價格，讓開車變成有錢人的遊戲，或者裝作自己還是更喜歡慢悠悠地走在人行道上。

接下來的兩天兩夜，張旭豪把自己關在辦公室裡，除了短暫的休息之外，唯一的工作就是大喊大叫，做他最擅長的事：扮演一個態度強硬的老闆。

所有城市經理都被安排參加 CEO 張旭豪在上海總部召開的視訊會議。在視訊會議的開頭，張旭豪會先和顏悅色地與部屬打個招呼，回憶他們曾經在什麼地方見過，然後瞭解一下當地的市場情況。聊完這些之後，就像他有時在公司內部會議上會做的一樣，張旭豪會突然爆發，拍著桌子開始咆哮：「市場份額才是第一！不要管成本！只要市場份額！」

這是張旭豪和他的團隊商議出的方式，藉此向城市經理傳遞壓力。因為「我們下面這些人沒有花過那麼多錢，對於放開手花錢做補貼拉用戶，有點放不開。所以我們當時就覺得，Mark 來自己傳達壓力最好」。

「開了這一槍之後，就收不住了，開始全面開戰。」羅宇龍說。

註 18：中央廣播電視總台 3‧15 晚會，由中國中央廣播電視總台與中國政府相關部門、中國消費者協會共同主辦，自 1991 年起每年固定在國際消費者權益日 3 月 15 日晚上播出，旨在宣傳維護消費者權益，並提高廣大消費者維權意識。

註 19：Online To Offline，指用線上行銷及購買，帶動線下（非網路上的）經營和線下消費。O2O 透過促銷、打折、提供資訊、服務預訂等方式，把線下商店的訊息推播給網際網路用戶，藉此將他們轉換為線下客戶。

註 20：中國流行語，意指「雖然不明白意思，但感覺很厲害」。

註 21：「發展和改革委員會」的簡稱。

註 22：PricewaterhouseCoopers，中文名稱為普華永道，提供國際會計審計專業服務，是四大國際會計師事務所之一，也提供諮詢、鑑證等服務。

3-2 如何做好內部溝通？ 開會不會讓業績變好！

　　是時候認識一下張旭豪了。

　　必須先建立起對這個人的初步認知，才能明白餓了嗎這家公司為什麼能持續存活。這家原本在中國網路名不見經傳的小公司，不但在整個外賣 O2O 的激烈競爭中屹立不搖，且在不斷有公司即將被全資收購的風聲的情況下，仍能在今天中國網路寡頭分立的格局中，保持著踉踉蹌蹌的前進姿態。

　　為什麼他是那個「開第一槍」的絕佳人選？

　　短暫接觸過張旭豪的人會被他友好的外表所迷惑，你看到的是一個戴著圓框近視眼鏡的短頭髮男生，身著休閒西服外套和卡其褲，笑容斯文、講話客氣。但是接觸的時間一長，他就會暴露出自己無所顧忌的本性。

　　無論正在進行的是一場長時間談話還是重要會議，他都會情不自禁地站起來伸個懶腰，將長袖 T 恤或者襯衫向上拉，露出凸起的肚子（體重是讓他困擾的問題之一，創業剛開始時，他還是個英俊的瘦子）。然後，他會把手伸

進衣服抓癢（他的皮膚不好，這也是困擾他的問題），或者打個哈欠（睡眠也是他缺乏的東西）。

他擁有隨時隨地睡著的本領。一次年終述職會議上，同事正在講述 PPT 時，會議室內的人突然聽到張旭豪的打呼聲。這時會議室內馬上安靜下來，可以想像在場的人會多麼不知所措。但這時眾人卻聽到他說：「你繼續講，我沒睡著，有在聽。」他知道大家可能不相信他說的話，馬上簡要重複一下剛才同事的發言：「你剛才是不是講到這個問題了？」

在 2014 年到 2015 年的急速擴張期，餓了嗎進行大規模招聘，高峰時期一天就能到職 100 人左右。其中總監以上的人員，張旭豪都要求人力資源副總裁李寶新和自己一起面試。在面試過程中，張旭豪仍然會睡著！已經習慣的李寶新會跟來面試的候選人解釋：「老闆實在太累了。」

疲倦肯定是原因之一。正常情況下，張旭豪會在晚上三點前上床睡覺，然後在早上九點鐘起床。熟悉他的同事都知道，他白天時經常得面對不時襲來的疲倦感。當他不在辦公室、也沒在開會時，如果實在有事，同事會到餓了嗎所在辦公樓的業主老闆辦公室找他。這棟樓的業主是他的朋友，也是餓了嗎的用戶，其辦公室寬敞安靜，在張旭豪看來，是個睡覺的好地方。

當然還有其他原因。因為我沒有親眼見過他當眾睡著，所以還是問了他這個問題。他的回答是：「我什麼時

候都能睡。」在他讀研究所時，就發現自己擁有這個天賦，因為一邊創業一邊做導師的專題非常累。有次導師還跟他說：「你睡著就睡著，別打呼啊。」

餓了嗎很少會有長時間的會議。原因之一至少是，會議太長就容易無聊，而無聊的時候，老闆就會睡著。

當然，張旭豪本人也不喜歡開會。有一段時間他要求例會都站著開，對張旭豪而言，例會就是很快開完的會。他經常參加的例會包括：週五下午總監以上的管理層例會，以及關於產品的討論會。

中國網路公司中有兩家以執行力強著稱的公司：京東和美團，它們都擁有早會制度。在京東，每天早上八點半的晨會，是劉強東確保公司執行力的有效方法之一。張旭豪對此卻不以為然：「我覺得晨會是一種莫名其妙的東西，太死板了。可以透過行動網路把大家連在一起，為什麼還要湊在一起開晨會呢？」

他不喜歡接受採訪，也毫不掩飾這一點。他很坦誠地說：「我接受採訪的時候會睡著。」當時我正在採訪他。我參加過一次餓了嗎的高管例會，在會議上，講著講著，張旭豪突然轉過來對公司負責 PR（公關）的副總裁說：「為什麼老是給我安排採訪，讓我說一些我自己都不喜歡的話。」但是他也知道，熟練地與記者交談，正在變成他必須做的工作之一。

週五高管的例會由餓了嗎的 COO 和聯合創始人康嘉

主持。康嘉是張旭豪的研究所同學，他們的宿舍很近，經常一起玩遊戲，共同萌生創辦外賣網站的想法，然後一起堅持到今天。在會議上，康嘉坐在長桌的最中央，講起話來細聲細語，讓每個需要展示具體事項進展的高管依次發言。張旭豪則坐在長桌最裡側的桌角處，擺出一副若無其事的姿態。

當張旭豪不說話時，會議進行得很順利。但一旦他決定發言時，儘管坐在角落，仍然馬上吸引全場的注意力。這並不完全因為他是 CEO（恰恰相反，有時候我懷疑如果不是因為他是 CEO，他會被趕出去）。張旭豪說話有種霸蠻之氣，一開口就是一副激動模樣，而每一段話開始時的口吃加重這一印象，他說話時的口吃給人的感覺更像是強調。

他一邊說著話，一邊不自覺地晃動身體，傾向話語所指的對象，有時候他也會揚起手向那個方向揮一揮，不時還會蹦出幾句髒話，講起話來有種說一不二的氣質。

例如，當談到某個團隊面臨的業務問題時，他提供的方案是：「把傻子清理掉，問題就解決了。」談到業務部門，他說：「我們公司業務部門比較賤，你需要用鞭子抽。」談到某項總是有人違反的規則，他建議的解決方法是：「我們這種公司，就是要罰，罰一兩百萬就沒人再做了，沒有錢就算在股票裡。我說得比較極端，但告訴你的是方向。」

但這不代表他就是一味的簡單粗暴，他又有種樸素的公平意識。例如，他問新來的 CFO（首席財務官）：「法務部調到你這裡來了？」冷靜的 CFO 反問：「這裡有法務部嗎？」這時候有人接話說：「原本有一個人。」CFO 接著問：「他有律師資格嗎？」接話的人回答：「他有通過司法考試。」CFO 說：「那算了。」言下之意是此人並不可用。

這時候張旭豪插話了：「你跟人家交流一下嘛，萬一是天才呢？」CFO 回答：「會計、法律這種領域不存在天才。」但是看到張旭豪仍是一副不肯甘休的樣子，就說：「我會看的，我會跟他交流一下。」這位 CFO 過去曾在大型網路公司工作過，是位資深人士。

會議開到一半時，插入一段 CEO 的獨白。張旭豪開始論述公司一定要堅持專注和極致的觀點，高亢的嗓音充斥會議室的每個角落，中間點綴著一連串讓人印象深刻的句子：「我們為什麼要做許多其他的事情呢？要把業務簡化、簡化、再簡化！」、「管理者不能讓下面的人太累。」、「我們現在人越來越多，反而不極致了！」、「生意永遠在變，關鍵是大家要有這種極致的態度！」

經常在他說完一段話，或者在他批評過某人後，會議室內就會響起與會者輕輕的笑聲。他的講話方式和他用的比喻，都讓人覺得新奇。例如當與會者未能清楚地說出他問到的一個數字時，他就會說：「這就是交大和清華的差

距……」他也不避諱提到競爭對手,「美團比我們牛的地方,就是他們比我們在數字上摳得細」。(美團創始人兼 CEO 王興是清華大學電子工程系的畢業生。)

他難以忍受寒暄,也不想聽太多鋪墊。同事在跟他談論某件事時,一旦敘述較為冗長,他就會不耐煩地打斷:「不要跟我講這些,大家都是聰明人。」餓了嗎的一位高管說:「在餓了嗎工作一段時間之後,感覺自己現在都不會聊天了。」**他們全都被訓練成簡單直接、直擊重點的談話習慣,這可能讓他們的家人、朋友都感到不適。**

新來的高管可能不太熟悉他這個習慣,比如,負責行銷的副總裁徐大鈞,也就是拍攝出「餓了別叫媽」這段知名廣告(註 23)的人,曾呈交一份數十頁的 PPT,陳述這家年輕公司該如何做品牌和行銷。結果他接到張旭豪的電話:「不要跟我講這些,直接告訴我重點!」

有時當事情討論到一半,張旭豪起身要去上洗手間,他會拉著跟他討論的人一起去,這當然會讓人不知所措,也會給人壓力。據說美國總統林登‧詹森就喜歡在洗手間與部屬開會。

不過對張旭豪而言,他似乎並不是要給人壓力,而是對距離感的認知與常人不同。在他還小的時候,他去朋友家玩,會一直不停地跟朋友說話,甚至人家洗澡時,他也要跟過去站在浴室門口,繼續喋喋不休。

他非常懂得如何向人施加壓力。當然,可能完全是出

於直覺，但他採用的簡單粗暴方式卻能迅速破隔閡、建立信任感。不只一位同事說過，他在這方面真的很有天賦。餓了嗎在 2014 年和 2015 年開始大量空降高管，在被問到新舊同事的融合是否會有問題時，有人說：「不會，原因是這些人都是 CEO 謹慎挑選來的。」如果這些人能夠接受張旭豪總是帶挑戰性的溝通方式，在融入這家年輕公司時當然難度會小很多。

另一位高管則開玩笑說：「當然不會有融合問題，因為我們在 Mark 面前都是受害者，我們受害者群體會團結一致。」因為他不想讓人叫「張總」，整個公司都叫他的英文名字「Mark」，早期的創業夥伴如康嘉，則會叫他「旭豪」。

舉個例子，張旭豪第一次見到徐大鈞時，開口就說：「上海人全都是傻瓜。」後來張旭豪解釋說，他的目的是「因為我知道你心中的上海人是什麼樣子，我來批判他們，讓你跟我在思想上產生一定的共鳴」，而非真正認同這種以地域區分不同人的方式。

你可以想像一下上海人徐大鈞當時的感受（當然，好在張旭豪自己也是上海人）。張旭豪接著說：「上海人不行的，網路業界就沒有上海公司做得好。上海人，想贏怕輸，喜歡守著自己的地盤，沒有搏性，沒有賭性，沒有狼性！」

1970 年後出生的徐大鈞曾經就職於世界 500 強企

業，2006 年自己出來創業，做諮詢與 IT 服務，客戶中也不乏世界 500 強公司。他說：「剛開始我就跟他有不同意見」，並回憶初次見面之後的感受：「雖然看上去有一點強勢，不是很客氣，但講話很有道理。」

強勢的張旭豪其實很懂得照顧創業夥伴的情緒。每一位高管到職，他都會找來康嘉、羅宇龍、閔婕等人，與新同事聊一下。

他解釋說：「我不想讓大家認為就是我一言堂，一個人做的決定。」從攜程（註 24）挖來的 CTO 張雪峰也說：「Mark 和 James（攜程 CEO 梁建章）都很強硬，但是 Mark 比較民主。」

有次新華社發表一篇關於張旭豪的長篇人物報導，事後張旭豪專程去問負責 PR 的副總裁郭光東：「怎麼整篇文章都是張旭豪？康嘉呢？」

以前他發現一個問題，經常會當眾劈頭蓋臉就是一頓痛罵，但從 2015 年開始，他越來越知道該約束自己的情緒。

「他是一個有意思的人。」徐大鈞說：「要成為有意思的人不是那麼容易的。在生活中很多人既有錢、社會地位也崇高，但很沒意思。」

成功是讓人變得枯燥的過程。但是沒有過工作經歷，直接開始創業的張旭豪卻不同，他沒有被成熟公司的規則規訓與懲罰過。徐大鈞說：「跟他開會，你會經常笑，你

笑不是因為覺得他幼稚，而是因為他講的話就像童言無忌，雖然非常直接，但確實有道理。他的講述方式讓人覺得有意思，因為身邊這種人不多，會覺得這個人很特別。」

註23：《餓了別叫媽之走火入模》，是由中國愛奇藝拍攝製作的網路劇，每集時長 5 至 7 分鐘，宣傳手機訂餐 App「餓了嗎」。

註24：攜程旅行網，中國大型旅遊網站。

3-3 如何擊敗對手？拆帳改成固定費用，讓客戶占便宜就對了！

從幼年開始，張旭豪就養成一些帶有競爭性的愛好，包括拳擊、籃球和賽車。他會在重要的拳擊比賽時，找一家牛排館請自己的朋友一起去看。儘管身材不高，但是他曾進入盧灣區的籃球隊，經常拿自己的二級運動員資格證書（註 25）向哥兒們炫耀。

小時候他和哥兒們到上海淮海路的商場伊勢丹遊戲廳玩賽車遊戲，總要把遊戲幣全用完後才肯走，長大後他完成賽車手訓練課程，拿到一張資格證。

某次朋友讓他試自己新買的車，一輛豐田 86 轎跑（註 26），張旭豪直接在馬路上就開始玩甩尾。朋友看得既心疼又心驚膽戰，回來後直說：「旭豪膽子大！旭豪膽子大！」

後來，他終於找到一項永遠不缺乏刺激和競爭的職業：創辦一家公司並擔任 CEO。

餓了嗎剛開始走的是 Sherpa's 模式。Sherpa's 是一家在上海的高端外賣公司，直到今天仍然同時保持著獨立和

盈利。張旭豪和康嘉模仿 Sherpa's 製作一本有 17 家餐廳的精美冊子，還費盡口舌從上海交通大學旁邊的一家別克 4S 店（註 27）拉來廣告，印了一萬冊，在整個上海交大校園內發送。

他們還購買十幾輛電動自行車，自己做配送。2008 年冬天，外送員都不願意去送外賣，這家創業公司也開不起高工資，於是張旭豪和康嘉就自己騎著電動自行車去送。上海的冬天經常下雨，雨水把鞋子打濕，整個冬天下來，兩個人的腳上都是凍瘡。

2008 年時，他們面對的第一個競爭對手叫小葉子當家。小葉子當家模仿的是總部在紐約、主打大學生市場的送餐網站 Campusfood。和餓了嗎一樣，小葉子當家也把上海交大校園視為自己的主要市場。康嘉說：「我們覺得它的模式較簡單，還是有一些道理。」

隨著另外兩名有技術背景的成員加入，餓了嗎 2009 年也在訂餐網站上線。康嘉回憶說：「經過 2009 一整年，2010 年基本上把他們（小葉子當家）打得差不多了，我們逐漸壟斷上海交大。他們那時就轉型了，實際上屬於沒有堅持。」

一名早期員工記得，有一天正在吃飯，張旭豪突然對他說：「小葉子當家沒了，你知道嗎？」這名早期員工也畢業於上海交通大學，在加入餓了嗎之前，他同時是這兩家公司的用戶。他回答說：「啊？是嗎？不知道。」但是

張旭豪並沒有再說什麼，而是繼續吃飯。

這家公司從此便成為一個對比，總是出現在有關餓了嗎創業歷史的報導中：**一家創始人更加成熟、資金實力也更強的公司（他們已經畢業，而且都開著轎車），輸給幾個沒有錢、沒有經驗的研究生創辦的公司。**

餓了嗎 A 輪（註 28）的投資人、金沙江創投的合夥人朱嘯虎表示，小葉子當家的創始人曾經來找過他，懊惱自己由於沒拿到風險投資，而錯過外賣 O2O 這個後來公認的風口（註 29）。當然，還有更多的投資人也錯過這個風口。

朱嘯虎十分得意於自己在 A 輪便決定投資餓了嗎，因為後來有不只一個投資人表示曾經在早期看過這家公司的專案，但他們最後都沒有推進並決定投資。

餓了嗎能夠在競爭中勝出，除了所謂的堅持之外，有一個重要的原因是他們確實做出商業模式上的創新。他們為商家開發一套 Napos 系統，這套系統後來經常在報導中被提及。入駐餓了嗎的商家只要裝上這套系統，就可以用它來管理訂單。

張旭豪決定，不再像普遍做法一樣收取拆帳（餓了嗎早期也是按照 8% 的比例收錢），而是收取一筆固定的服務費。「一年 4820 元人民幣，半年 2750 元，三個月 1630 元。」直到現在，張旭豪仍然能夠不假思索地說出這三個數字。

張旭豪回憶說：「我馬上就能收到錢，他們（商家）確實也覺得方便。其他平臺還在收拆帳，商家覺得使用這個平臺就好，於是把所有用戶轉到我們平臺上來。因為其他平臺訂單少，還要拆帳，而我這裡的固定費用是 4820元，**商家覺得他們已經付了錢，就要用到夠本，全往我這裡轉。因此這個模式很快地幹掉許多競爭對手，餓了嗎就發展起來了。**」

2011 年 3 月，經過一年休學，張旭豪和康嘉從研究所畢業。餓了嗎也拿到第一筆投資，是金沙江朱嘯虎投的100 萬美元。餓了嗎開始把自己的模式向外複製，雖然他們在每個城市都會遇到一些競爭對手，但大都沒有形成困擾。畢竟，他們的團隊已經在上海交大反覆推敲出模式，並使用了三年。

張旭豪說：「當時我們感覺閔行區（上海交大所在地）是全宇宙網上訂餐最發達的地區，好像學生創業就喜歡做網上訂餐，不喜歡做其他東西。」

其中還有一些插曲，有一個與駭客有關。2012 年，現在負責平臺產品開發的王泰舟當時大四，正在這家公司實習。當時公司特地雇用設計師來為合作餐廳設計LOGO，而他看到北京一家名叫開吃吧的公司，把他們設計的餐廳 LOGO 直接拷貝過去放在自己的網站上。

書生意氣，憤怒異常，王泰舟當天晚上在交大宿舍寫程式攻擊對方的網站，結果被對方透過固定 IP 追蹤到，

並寫郵件給交大，投訴學生從事駭客活動，要求道歉。當時為避免王泰舟遭人挾怨報復，張旭豪還特地讓他搬到公司住。

另一個插曲也發生在北京。當時負責北京市場的康嘉聽說，有另外一家名叫千里千尋的公司盯上了外賣市場，創始人在清大讀書期間，也發現人們對外賣的需求能成就一家大公司。這家公司在 2012 年的 10 月份衝進市場，做了一個名叫「外賣單」的產品，還直接以 3 倍的工資從餓了嗎挖人，希望能夠快速複製他們的模式。

那時餓了嗎只開了一處白領外賣區域，就是北京科技公司雲集的「上地信息產業基地」。兩家公司開始在這個地區進行消耗戰，後來這種做法也成為常見態勢。

康嘉說：「我們做活動時最高減免兩塊，他們一進來就減六塊。」在 2013 年 9 月時，外賣單決定停止消耗戰。如今在蘋果商店，已經搜索不到這個應用程式。

康嘉回憶：「當時我們的競爭對手主要還是創業型公司，包括遍佈全國各地的大學生外賣，非常多，有點像團購網站。因為外賣有本地屬性，門檻不高，擴張難度卻很大。我們當時在北京打得也滿有自信的，基本上在北京兩年，該滅的都滅掉了。」

2013 年 6 月 17 日，阿里巴巴集團旗下淘點點開始發展。這是第一個進入外賣市場的巨頭公司。淘點點的自我介紹是：「承載阿里所有行動網路的期望，繼承阿里的純

正血脈，同時也肩負重大的使命為阿里拓展領域，由電商延伸到生活服務類平臺，以及阿里的 O2O 戰略，打造生活版的淘寶，定位為『移動餐飲平臺』。」

在北京，代理淘點點外賣業務的公司「招財貓」，大舉招募人員來拓展餐飲商家，談一個入駐商家就獎勵一定現金。在另一個重點城市廈門，淘點點在 2013 年 12 月 20 日召開發佈會，宣佈自己是「吃貨神器」、「生活版淘寶」，並透過和地方入口網站或論壇合作來發展外賣商家。簽約商家不僅贈送阿里雲手機，並且動不動就有 50% ～ 100% 的消費回饋。

淘點點的確曾經讓餓了嗎緊張過。康嘉發出感慨：「我們這點子彈，怎麼跟他們打？」但是沒過多久，一線業務團隊就發現，淘點點並不能真正形成威脅。現在負責 BOD（自營配送）團隊的李立勳說：「那時淘點點到處補貼紅包什麼的，好像還滿凶的。」

康嘉說：「後來我們在市場上一條街一條街掃過去，發現它沒有真正地滲透。儘管當時淘點點宣稱自己訂單量多少多少，只要淘寶開個入口，便能輕易吸引消費者使用。**但 O2O 訂單如果沒有密度就沒有任何效率，甚至連商家也感覺不到有多實用，越調查就越發現威脅其實不大。**」

訂單缺乏密度，一家入駐餐廳每天只有一兩個訂單，反而會對餐廳造成困擾，因為大部分餐廳還是以內用為

主。餓了嗎的經驗是，超過 5 單餐廳會覺得效果不錯，超過 10 單就會變成不可忽視的銷售來源，超過 50 單時，餐廳會主動組建一個團隊來做。

一篇報導中提到，張旭豪在淘點點入場後曾經去找 B 輪投資方「經緯創投」的創始合夥人張穎交流，張穎說：「巨頭來了，代表你們已經到風口。」當時，即使阿里巴巴聲稱自己相當重視淘點點，但仍看不出這個網路巨頭有拚死一擊、徹底搏殺競爭對手的兇狠。

在張旭豪開始讀初中那一年，父親張志平帶他去買自行車。張旭豪看中的是一輛價格一千多塊人民幣的自行車。因為家裡疼愛，這個孩子從小就不肯將就，什麼都要最好的。

張志平回憶：「他說他很喜歡那輛自行車。我說可以買給你，但條件是你要自己騎回家。」於是，他教這個 12 歲的孩子，從四川路走到北京路，然後沿著北京路一路騎行，經過成都路、復興路、淮海路，最後回到思南路的家，橫跨虹口、徐匯和盧灣三個區。

你希望得到想要的東西，總得走一段很遠的路。張旭豪和他的團隊已經走了很遠。不過，另一個兇猛的巨頭也正在前來的路上。

註 25：等級運動員是中國大陸由各地方體育局認定的運動
　　　員稱號，分為運動健將、一級運動員、二級運動

員、三級運動員等。

註26：豐田汽車最著名的車款，因知名動漫作品《頭文字D》而廣為人知。

註27：4S 店是指結合整車銷售（Sale）、零配件（Sparepart）、售後服務（Service）以及資訊回饋（Survey）這四項服務的汽車特許經營模式，在台灣通常指原廠經銷商＋保養廠。

註28：A 輪融資，指新創企業成立開始營運後的第一次對外融資，其後到上市以前，視情況會再進行 B 輪、C 輪融資等。

註29：即創業的趨勢、機遇。

3-4 跨界巨頭來襲時，如何保住市場？瘋狂擴張殺出生路

關於美團要進入外賣市場的消息不時傳來。

當然，這並不稀奇，因為淘點點已經衝了進來。人人網（註30）和58同城（註31）也都號稱要在這個領域發展。「有一點點量級的，會被別人關注到的都在做。」李立勳說。

美團CEO王興早已闡述過他的T型戰略（註32）。**團購形成的巨大流量和用戶群是美團縱橫捭闔的基礎，但團購只是入口和土壤，美團接下來想要做到的是，借助團購形成的入口和土壤，在一個個垂直領域發展，迅速搶占市場。**

一位《中國企業家》雜誌採訪過的投資人曾作出以下評價：「如果拿武器來比較的話，美團像一根大棒，不夠銳利，但是它很大，有很多可能。現在必須在大棒上插針，針插多少、插在什麼地方，是美團現在的重點。當針插得夠多時，這根大棒將變成狼牙棒。」

2012年，美團選擇插針的領域是線上電影售票。當

時旗下的貓眼電影迅速衝到行業第一，但也為美團樹敵無數，包括淘寶電影、微票兒等巨頭背景的公司，也有時光網、格瓦拉等創業型公司。

2013 年，美團選擇的領域是酒店。如此一來，它把去哪兒網和攜程都變成自己的敵人，順帶還有一群小創業公司。接下來，一路攻城掠地、士氣高昂的美團，把目光投向外賣市場。

李立勳當時正在北京。他出生於 1989 年，是張旭豪和康嘉的交大學弟。上大學時就是餓了嗎的用戶，用完之後還熱衷於給網站上留的電子信箱發郵件，提各種建議。張旭豪當時每次都親自回信，有一次他建議這家公司開展洗衣業務，因為包括他在內的同學都有類似需求。張旭豪直接回覆：「我們現在專注做餐飲，其他東西暫時不考慮。」

2011 年畢業之後，李立勳到加拿大讀了一年研究所。暑假回國，到餓了嗎實習一個月，假期結束時，張旭豪問他：「你還回去嗎？」就這樣，李立勳加入這家創業公司。儘管他當時的獎學金換算成人民幣是一個月 20000元，而張旭豪給他的工資只有一個月 4000 元。

張旭豪還跟他說：「你是公司第一個管培生，必須在各個部門輪調。」他在上海換了客服、設計、業務等部門之後，就和羅宇龍一起去北京開拓市場。

知道美團網準備進入外賣服務市場後，李立勳決定自

己去看一下。那時是 2013 年的 9 月，美團網的總部在北京北苑路上的北辰泰岳大廈。

他知道美團正在進行產品內測，就挑一個早晨，去美團辦公樓看他們計畫要如何做外賣。這是因為美團對外賣產品的內測方式，就是針對當時美團辦公樓發放傳單，有真的用戶，也有真的商家，只是僅限於這個區域。

李立勳說：「我去看他們怎麼發傳單，一看跟我們發的一模一樣。想看看他們到底怎麼做，於是混進北辰大廈，非常尷尬的是，美團那時候從我們公司挖了人過去，因此我在電梯裡遇到熟人。他問我你怎麼在這裡，我回答說，去找你們老闆談點事情。」

他去觀察了幾次，也把自己看到的情況在公司的群裡講了一下。但他自己的判斷是：「我不認為他們做得有多好，我覺得跟我們做得差不多，也沒什麼新思路，而且在那裡測試了很久，都沒有往外鋪。」

當時大家在討論到未來的競爭格局時，包括他在內的一線人員認為，來勢洶洶的淘點點才是最主要的競爭對手。CEO 張旭豪則有不同意見：「我不擔心淘點點，我擔心的是美團。」美團在「百團大戰」（註 33）中殺出血路崛起為小巨頭的過程，正好是張旭豪、康嘉等公司創始員工辛苦創業的時期。美團的強悍讓他們印象深刻。

2013 年底，康嘉、美團高級副總裁王慧文以及另外兩家外賣公司創始人同時去北京參加論壇，康嘉和王慧文

還互相加了對方微信。王慧文是王興的大學同學和一直以來的創業夥伴，後來的美團外賣業務就由他負責。

康嘉回憶說：「那時候他說，有些模式他們一開始看不見，後來看不起，再到後來看不懂、追不上。我還說，挺好的，這個市場能夠熱起來，對餓了嗎是最有好處的，大家一起來把這個蛋糕做大。」

2013 年 11 月，餓了嗎宣佈獲得 2500 萬美元的 C 輪融資，由紅杉資本領投，前兩輪的投資方金沙江和經緯跟投。他們抵禦住不止一個競爭對手的進攻，並獲得一筆巨額融資——他們前兩輪一共才融到 700 萬美元，現在有理由放鬆一下。也是從這年起，餓了嗎開始有年度出國旅遊，這一年的目的地是新加坡。

不過，在去新加坡之前，他們還是多了一個心眼。餓了嗎為了抵禦美團的進攻，學習對方的經驗，開始和自己平臺上的商家簽署獨家協定。

這一招是美團在百團大戰中沉澱下來的經驗，餓了嗎資深副總裁閔婕說：「美團會很果斷告訴你，二選一。他們有這樣的勇氣，也發現二選一後留下來的商戶足夠支撐它的 GMV（成交總額）」。

這時美團成為他們的老師。於是，「我們去新加坡之前，一週全部在連夜簽獨家協議，差不多每個大區都完成任務，然後開開心心地去新加坡」。

2014 年開始之後沒多久，張旭豪又敲定與大眾點評

（註 34）的合作，以及大眾點評的投資。這筆投資是張旭豪與大眾點評 CEO 張濤花一個下午聊出來的。

敲定之後，張旭豪給團隊的部分成員打電話，告訴他們這件事情。閔婕回憶：「晚上 Mark 打電話來說，大眾點評給我們融了多少多少錢，然後接下來我們要幹什麼。我在電話裡傻掉了，但是很開心。」

儘管接受大眾點評的投資就有「站隊」的嫌疑，但是包括金沙江朱嘯虎和經緯叢真在內的早期投資方，都建議餓了嗎接受這筆投資。原因是大眾點評的團隊在歷次溝通之中，顯示出他們的誠意，而兩人評估後也認為，站隊的好處超過由此帶來的潛在風險。

連續敲定兩筆投資，公司估值也在不斷上升。張旭豪和他的團隊都雄心勃勃想要去做更多的事。在接受大眾點評投資後，張旭豪曾經接受過一次《財經天下》週刊的訪問，在採訪中，他聲稱自己要做餐飲界的淘寶和天貓，並且說接下來要做配送，自建物流或使用協力廠商物流。繞了一圈之後，張旭豪對待配送的態度回到他剛在大學校園創業時，只不過現在他和康嘉等公司創始人不必再親自去騎車送餐。

但他還是低估了美團，也低估這一陣風能把他和餓了嗎吹到多高。

2014 年 2 月，在一次會議上，張旭豪表示公司必須要加快步伐，因為競爭對手都在蠢蠢欲動。閔婕回憶說：

「當時我們計畫年底要開到 20 個城市。」事實上，2014 年底時，餓了嗎進入的城市超過 200 個。

在人數上，經過上半年的高速擴張後，2014 年的 8 月 1 日，餓了嗎的員工數量達到 1000 人。人力資源負責人李寶新還特地發郵件告訴公司的核心成員，公司成員已經突破 1000 人，進入快速發展的車道。

但是另一方面，心裡沒底的李寶新去找張旭豪商量說，「你給我個底吧，到年底時我們可以招多少人？2000 人？」張旭豪搖搖頭：「不行，太快了。1500 人！」那時是 2014 年 8 月 15 日。事實上，到 2014 年年底，餓了嗎的員工數量超過 4000 人。

羅宇龍也說，2014 年上半年發改委成立後，第一件事是估算未來可能會有多少員工，「我們要用辦公系統管理，於是採購一套系統，我還記得當時我手抖了抖，這個帳號該買多少呢？買 800？還是買 1000？最後狠下心買了 1500，結果馬上就不夠用」。當然不夠用，到 2015 年底，這家公司已經擁有超過 15000 名員工。

這家公司的擴張速度之快，不僅沒有人能準確預知，甚至也無法做出較相近的推測。張旭豪和康嘉等人從 2008 年開始創業，到 2013 年年底，餓了嗎對外宣佈進入 12 個城市，員工不過 200 人左右。美團當時的團購業務已經進入將近 200 個城市，交易額超過 160 億，擁有超過 5000 名員工，並且實現年度盈利。

康嘉說：「（看到這組數字）王興肯定笑了。你五年做這一點城市，我稍微拓一拓，你有可能就追不上了。首先你的管理半徑太小，管不過來。」

後來，張旭豪和康嘉將自家和美團外賣競爭的打法，稱為「核彈理論」。康嘉轉述一段他聽到的話，大意是只要餓了嗎沒把美團外賣弄死，美團很快就能把他們弄死。康嘉聽到後的第一反應是：「美團創業多少年，管過多少人，打過多少場硬仗？想要扳倒美團，哪有那麼容易！但在這個行業裡，想拖垮我們也沒那麼容易！」

張旭豪自己的核彈理論是：**對付核彈，最好的方式是直接扔一顆回去。**

張旭豪一度對美團心存憤怒。在美團開始重兵進入外賣領域前後，他與美團的創始人王興、王慧文都有過交流。美團甚至曾經對他們開出一個價格，但在張旭豪看來根本不能接受。

美團外賣的迅速崛起和對餓了嗎的衝擊，讓他們認為美團可能是以投資或合作為名來瞭解整個方法論，然後借助經驗、管理能力和資本展開競爭。朱嘯虎說，在開戰之後，張旭豪曾經拿著手機，給他看王興和他之間的簡訊紀錄。

但在王興看來，他在 2014 年 3 月第一次與張旭豪見面時，美團外賣已經上線，張旭豪也已經明確知道美團正在進入外賣領域，並不存在美團刻意向對手公司套取行業

方法論和資訊之說。

王興和張旭豪這兩人，一個是連環創業者，被譽為新一代創業者中的領袖級人物，能力、眼界和雄心都不亞於上一代的馬雲等網路領袖；另一個則是第一次創業，從未有過管理公司的經驗，卻對商業有著驚人的直覺和判斷力，他性格倔強、強勢、專注以及無所顧忌，生就一副梟雄之相。

美團在團購市場掃平諸侯，迅速切入電影與酒店等領域，直接面對有 BAT 做背後支持的對手或是像攜程這樣的老牌巨頭。但在外賣 O2O 領域，它最大的對手，卻只是一家初創公司。這家公司，和美團一樣信奉縱情向前，擁有極強的學習能力和執行能力。

「Mark 說，要跟美團死拚到底。」李立勳回憶：「當時我們做了那麼多年，原本認為三、四線城市沒有業務量，但一聽說美團有計畫要覆蓋，Mark 就說也要覆蓋，跟著打，不能給它一點機會。」

2014 年 3 月中旬，第一次「核戰爭」開始。要拓展新的城市，就必須有成熟的員工離開北京、上海這些大城市，到陌生的二三線城市「開城」。餓了嗎上海總部有位名叫唐彬彬的員工被選中了。他說：「領導，請給我半天時間。」「你要半天時間做什麼？」「容我回家結個婚。」

為了加快速度，閔婕自己去把所有候選名單拿出來，

考察一輪的結果是，餓了嗎在 2014 年 3 月可以擴展到 20 個城市——這是原定的 2014 年整年的目標。

但是，按照他們監測到的資料，發現美團擴展得很快。於是他們開始迅速跟進美團外賣進入的城市，最終的結果，按照閔婕的描述：「上半年雙方差不多持平，大概在 60 個城市。」

第二次核戰爭就發生在文章開始時。張旭豪、康嘉、羅宇龍、閔婕等人在看到羅宇龍拿到的資料後，震驚地發覺自家公司有落後的危險。而且美團可能會在 9 月開到 120 個城市。

美團像一輛全速推進的戰車，裝備精良，補給充分。而對張旭豪的團隊來說，過去半年的高速擴張，已經是創業以來最刺激的經歷。閔婕回憶：「我們決定要跟，但這非常痛苦。因為我們沒有足夠的人才，相對應的內部溝通體系也不完善，軟體系統都沒有開發，十分困難，只能靠互相幫助與支持，傳遞士氣來 hold 住整個盤子。」

但是，張旭豪又一次讓整個團隊覺得震驚。他說：「我們把整個盤子做到極致！直接把籌碼押到最高！200 個城市！」

閔婕說：「Mark 那個時候真的很牛。」

美團從 2014 年 9 月份開始增加補貼，餓了嗎選擇的策略同樣是跟進。「加大補貼」和「擴張」成了競爭的主題詞。外賣 O2O 成為繼出行之後的第二個激烈戰場。

　　餓了嗎為了迅速開疆拓土、在新的城市與美團外賣這個最大競爭對手抗衡，同時也為了不被速度本身甩下，他們隨後迅速地進行三天的培訓、述職及拳擊對抗課。「要招這麼多新人進來，讓他們去打仗，讓他們迅速有戰鬥力，要打雞血！」閔婕回憶：「以前負責一所學校的人，被升為一個城市的總經理。基本上把內部抽乾了，所有人全部被提拔上來打仗。」

　　張旭豪從小就喜歡拳擊。在餓了嗎與美團外賣的競爭全面開始後，公司的高管和員工也都開始接受拳擊課程。

　　小時候，有一次他問自己從小到大一起玩的朋友張加樂：「麥克・泰森和俠客・歐尼爾打的話，誰會贏？」張加樂覺得這個問題根本沒有辦法回答，一個是拳王，一個是 NBA 的超級中鋒，就像關公戰秦瓊。

　　但是現在，這卻變成一個真實的問題。**2014 年曾經流行過一個說法「跨界打劫」，即你的競爭對手可能並不來自於你的行業，而是從另一個行業突然強勢進入。**美團無疑就是跨界打劫的高手。

　　所以，泰森和歐尼爾打，究竟誰會贏？

註 30：中國大陸最早的校園社交關係網路平台之一，早期以學生用戶作為主要用戶群體，後來也試圖將用戶群擴展至校外社會。隨著微信朋友圈的興起，人人網流量急速下跌並日益沒落，目前已轉型為直播平

台。

註 31：號稱中文最大的生活資訊網站，提供房屋租售、招聘求職、二手物品、商家黃頁、寵物票務、旅遊交友、餐飲娛樂等多種生活服務。

註 32：又稱 T 型管理，是指在組織內部自由地分享知識（T 的水平部分），同時注重提升單項業務的業績（T 的垂直部分）。T 型管理透過跨業務單元學習，共享資源，溝通思想，來創造橫向價值（T 的水平部分），同時透過各業務單元的密切合作，使單項業務的業績（T 的垂直部分）得到良好發展。

註 33：2010 年前後，中國網路興起團購熱潮，根據市場報告顯示，到 2011 年 8 月份，市場上的團購類企業共計 5058 家，這股熱潮被稱為「百團大戰」。

註 34：本地生活消費平臺、獨立第三方消費點評網站，提供餐飲、購物、休閒娛樂及生活服務等領域的資訊及消費優惠，並可發佈消費評價。

3-5 拒絕收購，他堅持走自己的路！

　　康嘉說，整個 2014 年，餓了嗎增長了 8 ～ 9 倍，2015 年是 5 ～ 6 倍。

　　高速度本身就是一場壓力測試。

　　2014 年時，餓了嗎的財務經理是位年輕女孩，每一次開會都會哭。數對人頭發對錢，成為一項挑戰。因為這家公司人員的擴張及流動速度都超出原本財務部門的承受能力。不過，當這個女孩哭泣時，易怒的張旭豪反而不再發火。

　　餓了嗎的 004 號員工，「四大餓人」（註 35）之一鄧燁負責客服部門。在 2014 年 8 月份時，客服部門的日均來電量還在 2000 通左右，但由於補貼變多與業務涉及城市的數量增加，到 10 月份時，日均來電量飆升到 10777 通。

　　只有 50 人的客服部一下子不堪重負。客服部門所有同事都要到下午兩點到三點才有時間吃飯，吃完之後又得馬上回來，因為下午四點到七點又是一個訂單高峰期。

即使如此，接聽率也從原本的接近 100%，下滑到 60% 以下。

當時人力資源部的同事在辦公軟體上處理到職手續，也得批到深夜。因為在高峰時期，這家公司以每天 100 人左右的速度在引進新同事。

有一次，產品經理修改對商家應付帳款的到帳時間，這件事使業務部門產生不滿情緒。一位情緒激動的同事衝進辦公室，找上負責產品的王泰舟，把自己的衣服領往下扯，露出自己脖子上的紅印，還大聲抗議：「我們在外面打仗，你還害我們被商家打。」

還有許多不滿的人選擇打電話，但電話卻不一定打得通，因為產品同事的電話已經被打爆了。後來公司索性下達一個通知，要求各地的市場經理不得直接打電話給產品、技術及財務部門。

對於這一連串的事件，康嘉表示：「後遺症要到 2015 年才能解決。組織擴大速度快，導致管理結構搭配得不太好，我們經常是一群人在解決問題。後來其實我覺得管理結構是有問題的。2015 年實際上我們是在梳理管理結構，梳理到現在也差不多了。」

2015 年 3 月份，康嘉正式出任 COO。原來的大區制被改變成事業部制，劃分為高等院校事業部和白領事業部，這個組織架構在 2016 年初再次調整。

餓了嗎在河南建立一個客戶服務中心，目前即使電話

量到 25000 通左右，也能保證 95% ～ 98% 的接聽率。這段期間也引進大量高層，拉高這家公司的員工平均年齡。

他們任命新的 CFO、CTO（首席技術長）、負責行銷的副總裁、負責 PR 的副總裁。為了從攜程把現任 CTO 張雪峰挖過來，第三號員工汪淵還主動把 CTO 的頭銜讓出。這讓張雪峰頗為意外，在他的印象中，這幾乎是從未發生過的事情，通常如果一家公司的聯合創始人中有 CTO，即使這家公司規模再小，往往也只會再聘用技術副總裁。

不過，所有這些壓力測試都建立在另一個壓力測試上：**找錢融資的速度是否能夠支撐得起公司增長的速度。**

當然，對於張旭豪而言，還有一個問題是，他是否能保持自己的強勢獨立地位。由於他的風格十分強勢，讓同事們都對他頗具信心，即使他曾想過自己可能會在高速的競爭中出現各種問題，例如被擊敗或是籌不到錢，同事卻認為這些事絕不可能發生在他身上。

舉例來說，當我提問：「是否曾擔心公司會在競爭中落於明顯下風」時，閔婕就反問：「旭豪這種人，怎麼可能認輸？」

進入 2013 年後，餓了嗎的融資速度越來越快，融資的規模也越來越大。在這家公司，融資就是 CEO 張旭豪的工作。張旭豪表示他必須花 40% 左右的時間在融資上，一提到融資，他馬上陷入沉思，下意識地算自己已融

到第幾輪。他從小到大接受的金錢教育並不算少。

張旭豪出生在一個商人家庭，祖父張韶華在民國時期是上海工商界的知名人士，從白手起家發展到擁有五家工廠，是上海灘的鈕扣大王。父親張志平說：「（張韶華）在上海工商界的排名在前 1000 裡。」從張旭豪年紀很小的時候，經商的父親就讓他在家裡數錢，不顧妻子在旁邊大喊錢經過太多人手會太髒。張志平認為要教給兒子對錢的正確認識：「我的小孩要學會用錢，再學會賺錢。」

1997 年香港回歸那天，張志平讓兒子自己到外面玩，不用管回家時間。凌晨時兒子跑回來敲門問：「有人在賣回歸紀念章要不要買？」張志平直接遞出去 100 元人民幣說，你自己決定。到上海交大讀研究所時，張志平一口氣給他 10 萬元人民幣，說生活費不要再找我們拿了。後來在解釋為什麼這麼做時，張志平說：「**給他這麼多錢，就是要他學習自控和自理的能力，自己來管理錢。**」

很顯然，這些錢中的一部分，被張旭豪用來創辦他的第一家公司，也就是今天的餓了嗎。

按照已經公佈的資料：A 輪之後，2013 年 1 月，B 輪投資是經緯中國和金沙江創投，共 600 萬美元；2013 年 11 月，紅杉中國領投 C 輪，2500 萬美元（紅杉中國也是美團的投資人）；2014 年 5 月，大眾點評戰略投資 8000 萬美元，是 D 輪投資；2015 年 1 月 28 日，中信產業基金領投 E 輪 3.5 億美元，此時騰訊相關企業紛紛入場，大眾

點評繼續跟投，騰訊與京東也入場跟投；2015 年 8 月 28 日，宣佈 F 輪系列融資 6.3 億美元；2015 年 12 月 17 日，與阿里巴巴集團簽署投資框架性協定（註 36），阿里巴巴集團投資餓了嗎 12.5 億美元。

D 輪時，有過「引狼入室」的爭議。在 B 輪投資過餓了嗎的經緯中國合夥人叢真回憶：「當時的顧慮主要是大眾點評有潛在競爭可能，接受大眾點評的投資會有風險。綜合考慮後我支持推進，原因有二：一是大眾點評的投資條款和商務合作安排較為公平，顯示出他們開放合作的心態和對盟友的尊重；二是我覺得張濤行事素有君子之風，相信他能遵守承諾。」

最早投資餓了嗎的金沙江創投合夥人朱嘯虎則說：「大眾點評達成投資意向很快。基本上所有條件都無法拒絕，幾個月時間價格翻了 3 倍，這個價格十分優渥。」

中國網路的巨頭格局，一方面讓一些小型獨角獸公司的生存空間受到擠壓，但另一方面，可以說餓了嗎也受益於這種格局。

在團購和本地生活業務上，大眾點評是美團的主要競爭對手。大眾點評接受騰訊的投資，而美團接受另一巨頭阿里巴巴的投資。美團的 T 型戰略和王興的雄心壯志，讓美團先後衝入線上電影售票、酒店預訂和外賣服務領域，而大眾點評的方式則是投資相關領域的公司。

在這種競爭格局下，大眾點評投資餓了嗎變得順理成

章，而騰訊系公司也在 E 輪相繼跟投。餓了嗎成為一家有巨頭背景的創業公司。

但即便已經被視為「站隊」，E 輪融資時，張旭豪仍然度過驚魂一刻：某家已經簽署投資協定，並且已經支付訂金的美元基金，突然宣佈不能再繼續領投。張旭豪回憶說：「跟他們談得滿好的，大家一拍即合。後來做著做著，他突然跟我說資金上有些頂不住，內部壓力有些大，然後就放下了。」

幸運的是，原本是跟投的中信產業基金決定領投。張旭豪：「一般來講，領投的基金走掉是很尷尬的事，跟投的人有可能都走掉。」

但時過境遷，他覺得無所謂：「任何商業行為，每個人都有自己的道理。都是在按流程走，該怎麼樣就怎麼樣。我當然也很失望，如果那時候能和他們合作，或許未來發展會更順利。這對我來說有一點打擊，但我覺得，這就是碰到問題、解決問題。」

F 輪融資時，餓了嗎的財務顧問華興，在發出相關新聞郵件 15 分鐘後撤回郵件。當時正值資本寒冬，所有人都在談論融資難度增加，以及 O2O 行業的燒錢競爭將難以為繼。一時之間，關於餓了嗎 F 輪融資造假的新聞遍佈網路。

對此華興資本和餓了嗎都發佈聲明，表示華興資本撤回郵件，僅是基於措辭細節問題，而非融資事件本身。

　　事後張旭豪同樣很淡定：「也就是一些細節嘛，我覺得無傷大雅。」華興資本的 CEO 包凡也說，這件事情並不會影響兩家公司之間的關係，「你可以去問 Mark，他依然把我們當朋友看」。

　　緊接著，重要股東大眾點評與最大的競爭對手美團合併。對於餓了嗎及其投資人而言，這起合併在之前也並非完全天方夜譚。

　　在 F 輪融資的投資條款中，大眾點評已經加入一條：如果大眾點評和餓了嗎在外賣業務上的主要競爭對手合併，將退出董事會席位。但張旭豪第一次得知大眾點評將與美團合併時，仍然覺得確實有些突然。

　　不過張旭豪又說：「最後也能理解，大眾點評有很多困難，現在也解決不了。它在融資上也有很大壓力，沒辦法，只能接受這個現實。」

　　他的同事們則提及，在美團和大眾點評合併之前，大家在一起開會時，就會有人在無意中提到這種可能性：「大眾點評最後該不會退縮吧？」

　　美團與大眾點評合併後，張旭豪與王興見過數次。對於餓了嗎和美團外賣合併並成立一家新公司的可能性，張旭豪說：「如果是我們來主導這家公司，我們並不排斥。但如果是對方來主導，我們肯定是比較排斥。」

　　有些餓了嗎的投資人認為美團開出的條件和價格缺乏誠意，但是包凡卻說，對張旭豪來說，獨立幾乎是必然的

選擇，跟價格無關。因為張旭豪總是會選擇由自己來掌控公司命運，王興當然也是如此。張旭豪說，他與王興碰面時並沒有談論價格，而是談理想。他們之所以沒有合作，原因是對未來的想法還是不一樣。

華興資本是餓了嗎的財務顧問，也是合併後的新美大（註 37）的財務顧問。包凡與王興和張旭豪兩人都是朋友，雖然這兩人差異頗大。王興和包凡都喜歡讀書，包凡還想組織固定的讀書會。張旭豪則毫無顧忌地說，自己讀過的書大概沒超過 10 本，儘管辦公室也放著一些書，但都沒看過。

合併讓這家公司面對的格局再次發生變化。昔日的盟友變成對手，而對手卻成為盟友。阿里巴巴集團執行副主席蔡崇信領頭處理餓了嗎的新一輪投資，等到這一投資最終敲定時，公司的估值將會接近 50 億美元，張旭豪和團隊的夢想將進一步放大。

在發展的初期，早期投資人朱嘯虎和叢真對這家公司的期待是：它或許某一天能成為一家 10 億美元的獨角獸公司。但現在，他們期待的是一家數百億美元的公司。

在這期間，張旭豪見過一次馬雲。我問他：「你跟馬雲見面聊了什麼？」張旭豪說：「他問我的創業經歷，也談自己經營公司的理念和對未來的看法。」

在張旭豪小學一年級時，有天放學自己一個人往家的方向走，卻迷路了。眼看天色漸黑，他還是找不到自己熟

悉的道路。

他看到路邊有個男人手上拿著一部大哥大，似乎剛打完電話，這在 90 年代初是富人的標誌。於是走上前：「阿舅，我要到雁蕩路小學，但不認識路。你能不能陪我走到淮海路，到那邊我就會走了。」

張旭豪的母親回憶：「人家一看他嘴很甜就說，好，我給你叫一輛車。給了司機 20 塊錢，直接送到巷口。我問他，你怎麼搭車子回來的？他說，我迷路了，碰到一個好人，他不肯陪我走，但給錢讓我坐車回來。這種事情他都碰得到。」

這個故事傳遞出的意象，基本就是張旭豪成年後創辦公司的經歷：**他在尋找方向，也需要錢；有人給他錢，讓他往該去的方向前進。**

無論旁人是否認可他的堅持與努力，或是認為他和這家公司能走到今天，只是因為幸運或資本驅使，他終究做到了。這家公司如今出現在各種獨角獸公司的排行榜上，張旭豪和他的創始人團隊成為各種評獎和論壇的常客。

不同之處在於，現在張旭豪絕對不會承認自己曾迷路。他用年輕人特有的驕傲回答說，他很清楚自己在做什麼和要做什麼，「沒有困惑」。他表示自己清晰地看到未來，這個未來由一些他們自己經常提及的詞語構成：分散式倉儲、即時物流、交易平臺。他希望這些詞語加上資本，再加上日益擴大的團隊，能夠構建出一家新的平臺公

司。

　　當然，在未來到來之前，沒有人知道它的準確模樣，因為一切仍在高速變化。

註 35：指餓了嗎的創始四人，分別是張旭豪、康嘉、汪
　　　　淵、鄧燁。
註 36：指在簽署正式協定之前，先擬定未來合作的基本框
　　　　架及總體目標，而具體內容等日後再行協商。
註 37：大眾點評網與美團網戰略合作後的名稱。

單元思考

　　成功是一個讓人變得枯燥的過程。但是沒有過工作經歷，直接開始創業的張旭豪卻不同，他沒有受過成熟公司的規訓與懲罰。跟他開會，你會經常笑，並不是因為覺得他幼稚，而是因為他講的話就像童言無忌，直接但確實有道理。他的講述方式讓你覺得有意思，因為身邊這種人不多，會覺得這個人很特別。

"

唯一的競爭優勢，是具備比你的競爭對
手學得更快的能力。在全球化的競爭場
中，每一個回合的打鬥之間，沒有片刻
休息。

——傑克・威爾許（美國 GE 前董事長兼 CEO）

"

Chapter **4** | Web 3.0 企業　滴滴出行

透過垂直整合，讓你的網路行銷更有力！

4-1 滴滴不只是打車，他讓「拼車出行」創造新的社交？

"

李翔按

　　程維已經成為當下中國最熱門的創業明星。

　　在我們見完面後不到一年，滴滴出行與優步（Uber）之間的戰爭也宣告結束。優步宣佈優步中國將與滴滴出行合併，換取滴滴出行 20% 的收益權，但僅有 5.89% 的股權。這項複雜的安排，是為了確保程維和創始團隊的控制權。合併後的滴滴出行，市場估值高達 350 億美元，是全球最有價值的初創公司之一。

　　崔維斯・卡蘭尼克是全世界最熱門的矽谷創業明星，當初曾信誓旦旦要在中國打垮滴滴。優步在中國也的確勢頭強勁，與此前進入中國的美國科技公司如微軟、雅虎、Google 等都不同，優步更加靈活，也更加兇悍。我一度認為它會在中國取得成功，打破跨國科技公司難以在中國立足的奇特現象。

　　不過，優步的投資人和卡蘭尼克最終還是選擇與滴滴和解，放棄在中國繼續大把地燒錢，維持這場昂貴的競爭。但是程維的挑戰仍未結束，這一次，他必須適應各地的網約車（註38）管理條例。北京、上海等城市都已推出網約車管理條例，不但對車輛加以規範，還要求司機必須擁有本地戶籍。

　　這就是創新者的命運，他必須要面對種種不適。因為，他做的事情，並非融合已有的環境，而是要改變環境。

　　超過 160 億美元的估值，讓滴滴快的成為中國最大的網路公司之一。程維和他的團隊做到這一點，只花費三年。雖然滴滴快的面臨來自 Uber、監管層和其他細分領域競爭對手的挑戰，但程維認為，這家公司可以抵達無限高度。

　　未來。

　　出門上班時，你用手機查詢從住所附近到 CBD（註39）的巴士班車。它不會像今天我們在車站等候的公車，你不知道下一班什麼時候開來，對它的擁擠程度也頗為頭

疼。你要乘坐的班車是準點的、有座的，而且是直達的。目前，至少有 70% 的人會選擇坐班車出行。

你也可以選擇拼車出行。強烈的環境意識已經讓個人開車出門變得有罪惡感。而且，如果你自己開車，願意透過拼車平臺順路載一兩個人，如此一來既能產生一部分收入，更妙的是還產生新的社交機會。畢竟，你可能與拼車對象有著相同的生活或工作半徑。

但是當你有急事要出行，又因為種種原因不能開車，可能是因為限行（註 40），也有可能是因為沒有搖到號（註 41）根本還沒能買到車，你可以直接用手機招來一輛計程車，或者更加舒適的專車。當然，毋庸置疑你要付出更高的價格。

所有這一切都由一個虛擬的秘書來幫你安排。你可以稱它為一個系統、一套演算法，或者像電影《露西》中的史嘉蕾・喬韓森一樣，是個無處不在又無所不知的智慧物種。它像蒼穹一樣覆蓋一切，但會為你服務。

這是程維版本的未來。他坐在中關村軟體園的辦公室裡，認真地描述這個未來。

程維是一名出生於 1983 年的中國創業者，在 2012 年離開任職 8 年的阿里巴巴集團，並在同年 6 月創辦「滴滴打車」這家公司，試圖幫助行人快速叫到計程車。公司的產品是一款手機 APP，透過這款 APP，司機和乘客可以更高效地找到彼此。

　　這家公司在度過初創期後迅速發展起來。用「發展」其實並不足以形容它的成長速度，它更像是裂變，像中子撞擊原子後釋放出巨大的能量。**在這裡，資本撞擊了行動網路。**

　　他經歷過永無寧日的競爭，並且仍然在經歷。剛開始，滴滴打車必須與先其一步創辦的「搖搖招車」競爭，隨後發現真正對手是一家杭州的公司「快的」。**兩家公司接著開始著名的「補貼大戰」，它們背後分別站著兩家中國網路巨頭：騰訊和阿里巴巴。**

　　正當所有人都看得目瞪口呆，並且猜測這場戰爭將會怎樣收場時，兩家公司在 2015 年春節前竟宣佈合併，並為這次合併取了一個讓人難忘的名字「情人節計畫」。這次合併拉開了 2015 年獨角獸新創公司的合併序幕：58 同城和趕集網、美團網和大眾點評、攜程網和去哪兒網。

　　但合併之後，戰爭也沒有停息，一頭風格強悍的美國獨角獸闖了進來。Uber 擁有超過 500 億美元的估值，為全世界未上市科技公司中估值最高者。由於它具有「共享經濟」理念，幾乎可說是當下全球最酷的公司。

　　Uber 無論在美國還是在歐洲，都是一邊備受追捧，一邊飽受責罵。讚美的人認為它站在未來的一邊，無論是它商業模式中的共享經濟，還是極為扁平的網狀組織架構。批評的人中有 Uber 模式的受害者，例如計程車公司（在一些報導中，他們稱 Uber 為「強盜資本家」），也

有監管者、法規和習俗。

　　這兩家公司在對未來的理解上產生分歧。Uber 創始人崔維斯・卡蘭尼克版本的未來和程維版本的未來不同。

　　Uber 以車輛為主，滴滴快的則以人為主。卡蘭尼克希望能夠建立一個「像自來水一般可靠的交通網路，無處不在，有求必應」，可以運送人，也可以運送其他東西。

　　當然，關於這一點，因為涉及自動駕駛領域，Google 創始人賴利・佩吉和特斯拉執行長伊隆・馬斯克也都有各自版本的未來。在這些形形色色未來中，不會再有人購買車輛，人類駕駛可能違反法律，原因是太不安全。

　　未來稍顯遙遠，撲面而來的現實可一點都不留情面。滴滴快的和 Uber 中國同時採取補貼的方式，在 2015 年上半年展開消耗現金爭搶市場的戰爭。兩家公司直接對抗的產品，是 Uber 中國的「人民優步」和滴滴快的的「滴滴快車」。

　　程維說：「Uber 認為全球是一個平臺，但我們不這麼想。每個地方，例如南美洲、印度都應該有一個平臺。因為（一個平臺）沒有那麼多當地語系化的團隊和政策公關的能力，所以中國是一個（平臺），美國是一個（平臺），歐洲是一個（平臺），在此基礎上大家合作共贏，這是靠譜的。但在中國，目前出行（註 42）裡的各個子類目，就像旅遊服務裡的機票、酒店、旅遊，我覺得這些不應該是垂直分散，應該要整合起來。中國肯定是一個平

臺。這是我們的判斷。」

在這種對抗之中，滴滴快的仍然在迅速成長。儘管這家公司成立時間才 3 年多，按照最新一輪的融資額，它的估值已經超過了 160 億美元。上一家用 3 年時間達到百億美元估值的中國公司是雷軍創辦的小米。

註 38：網路預約出租汽車的簡稱。

註 39：Central Business District，即中心商業區，指大都市裡商業活動的集中地。

註 40：中國國內為紓緩道路交通而實行的措施，各城市的管制內容各有不同，例如北京在 2008 年奧運測試賽期間，限制車牌號碼尾號為單數的車只能在單數日行駛、雙數日則是尾號為雙號的車。

註 41：為了限制北京市民的自有車數量，從 2011 年起，北京市規定欲購車者需到「北京市小客車指標調控管理信息系統」登記申請，取得編碼後參加搖號，沒中獎就不能買車。

註 42：滴滴出行的簡稱。滴滴與快的於 2015 年合併後，於同年 9 月 9 日更名為滴滴出行。

4-2 如何對抗 Uber 入侵？
將相關服務整合成新平台

　　程維正有意地出現在更多公開場合。

　　他是跟隨中國國家主席習近平出訪美國的企業家代表之一，並在 2015 年 9 月 23 日參加於西雅圖舉辦的中美網路論壇（註 43）。滴滴快的自豪地宣佈：「滴滴快的是此次參加論壇的最年輕企業，成立僅 3 年就和蘋果、微軟、BAT 等網路巨頭站在一起，而程維也是與會中國人士中，最年輕的網路企業家。」

　　9 月 9 日，他出現在夏季達沃斯論壇（註 44），並且在論壇上宣佈滴滴快的最新一輪 30 億美元的融資。這筆融資讓這家公司的估值超過 160 億美元，成為估值最高的未上市網路公司之一。

　　此前的一週，他剛參加完 8 月 30 日在重慶舉行的亞布力中國企業家論壇（註 45）。在這個老牌企業家雲集的論壇上，程維表示 Uber 的卡蘭尼克曾經提出要收購滴滴快的 40% 的股份，遭拒後又威脅說要打垮滴滴快的。當然，他也在不經意間炫耀滴滴快的背後的力量，他稱自

己曾分別向柳傳志、馬雲和馬化騰等人，請教如何應對來自 Uber 的競爭。

　　滴滴快的的股東名錄中幾乎囊括中國最重要、最活躍的網路公司和投資公司。騰訊和阿里巴巴是滴滴快的的股東，騰訊的總裁劉熾平和阿里巴巴創始人之一、螞蟻金服總裁彭蕾擔任董事會成員。中國平安（註 46）和中投（註 47）也是這家蒸蒸日上的行動網路公司的投資者。

　　程維說：「**我們意識到，今天我們不僅在做一個產品，其實與整個民生、經濟都有一定關係。**希望能讓更多人瞭解我們，知道我們要做什麼，並且增加影響力，變得更加開放透明。」

　　程維已經成為中國最炙手可熱的年輕創業者。滴滴快的與同年 10 月由美團網與大眾點評合併而成的新公司，均被視為騰訊和阿里巴巴之後的下一個巨頭候選人。傳統的三巨頭騰訊、阿里巴巴和百度是相對單純的線上公司，滴滴快的和美團點評則是線上與線下結合的新型網路公司。

　　但在程維自己看來，這家準巨頭公司仍然處在如履薄冰的階段。**過於快速的增長和過於激烈的市場競爭，讓滴滴快的的容錯率變得極低**，只要一個錯誤，便可能讓這家估值已過百億美元的獨角獸公司陷入危機。從來沒有一帆風順可言，即使是在外界看來的強盛時期。

　　一個例子出現在滴滴剛與快的合併時。儘管人們在社

群網路上戲稱這兩家移動出行領域的領導性公司合併後，將占據超過 100% 的市場份額，但程維自己在事後承認：「我們當時處在巨大的危機之中。」

造成這種危機的原因至少有以下三個：

第一個原因由合併本身帶來。春節假期剛結束，但「團隊還是懵的」，大家都不知道會發生什麼，也沒有安全感。團隊該如何合併、公司該怎麼走，都沒有成熟的方案。中國網路歷史上曾經發生的合併案並不能帶給新團隊安全感。

程維的團隊瞭解過分眾與聚眾的合併案（註 48），以及優酷和土豆的合併案（註 49），然後發現自己可能將面對大量的人員離職，以及隨之而來的公司動盪。

第二個原因則是 Uber 的兇悍進場。觀察者會發現，這家公司與以往進入中國的科技公司風格迥異。儘管 eBay 與 Google 已各自被中國本土的淘寶與百度擊敗，但 Uber 似乎並不打算重蹈覆轍。

Uber 不像早先那些科技公司相信，依靠產品和技術優勢就可以在中國市場立足，而是採用中國公司的競爭方式：透過補貼燒錢迅速擴大市場，改變競爭格局。卡蘭尼克甚至開玩笑說，自己要申請加入中國國籍。

第三個原因由滴滴快的本身的成功帶來。滴滴快的獲取的高估值和高增長速度，讓創業者和資本紛紛進入這個原本被認為是公共服務的領域。

　　程維說：「一夜之間，我們看到一系列的創新領域開始出現，例如拼車、巴士，這也是給我們的壓力。畢竟計程車不是出行裡使用頻率最高的服務。」

　　程維和團隊的方法是，在團隊整合上「散開陣型」。程維說：「我們大概的思路，還是把陣型散開。在一個更大的出行夢想下，把陣型散開。不要糾結在一起，讓每個同事都能夠找到新的崗位，在更大的夢想和新的分工裡，找到自己的動力和激情。整個合併很快，大概只有一個多月的時間去做溝通，先是後臺，再是前臺，就是這樣的過程。」

　　滴滴快的迅速擴張的業務，也有助於這種「陣型散開」。在合併後的半年時間內，專車（註 50）、快車、順風車（註 51）、巴士、代駕等業務紛紛上線，速度與增長有助於讓所有願意留下的人找到自己的位置。**不斷增加的業務就像是無限擴展的邊疆，所有對現實心懷不滿的人，都可以在新的邊疆找到自己的成就感、尊嚴及財富。**

　　在卡蘭尼克版本的未來中，沒有滴滴快的的位置。程維說：「那就要打一打」，春節後迅速上線的快車業務，狙擊 Uber 的攻城掠地。

　　他相信這是另外一個淘寶與 eBay 的故事，甚至當著卡蘭尼克的面也這麼說。在私下裡，他承認 Uber 的確不是可掉以輕心的紙老虎，但旋即又說：「我估計也就是牛皮紙糊的紙老虎」，雖然不會風一吹就倒下，但也經不起

折騰。

但是，在程維版本的未來中，也沒有那些新出現的垂直細分領域出行服務公司的位置。雖然程維並不認為在全球範圍內的出行領域會只有一家平臺型公司，但他的確認為在中國只會有一個大型的平臺。

理由非常簡單，用戶不可能先從打計程車的 APP 上叫計程車，叫不到再打開順風車 APP 試試，失敗後又選擇專車 APP。這讓滴滴快的成為這些細分領域初創公司眼中吞噬一切的巨獸。儘管在談到 Uber 時，程維認為自己的風格要更加溫和，更傾向於合作，而不是幹掉別人，但這個行業的其他創業公司可能不這麼想。

程維說：「這半年時間內，我們在這三個方面都做得還算不錯，才使得我們能夠在冬天來臨之前，讓所有人相信並投資我們，能夠繼續在市場上順利地發展。」

度過他所說的巨大危機後，滴滴快的已經成為一家估值超過 160 億美元的公司，是它的最大對手 Uber 估值的四分之一左右，並仍維持著高速增長的態勢。在剛與快的合併時，公司估值約為 50 億美元左右。

自從陳年喊出「唯快不破」，將速度當作最大競爭優勢以來，「快」就是中國網路公司推崇的特質。這些年來，成功的新興網路公司無一不是速度的孩子，其中最著名的是 2014 年上市的京東商城，和 3 年做到估值過百億美元的小米。如今，新的「速度之王」是滴滴快的，速度

也被程維認為是滴滴快的 3 年來的護城河，「這個速度沒有企業跟得上」。

在未來 3 年，程維希望能成為護城河的是「深度」。當他這麼說時，滴滴快的已經把眼光投向包括汽車廠商在內的整個產業鏈。

至於更長遠的未來，程維說：「滴滴是一個可以上升到無限高度的企業。」

註43：中美網際網路論壇，由中國網際網路協會、美國微軟公司聯合主辦，旨在促進中美兩國網際網路業界的交流與合作。

註44：又稱世界經濟論壇新領軍者年會，2007 年由世界經濟論壇執行長克勞斯・施瓦布和中華人民共和國總理溫家寶倡導建立，每年夏季召集獲世界經濟論壇認定的「全球成長型企業」在中國天津和大連集會，以經濟新興國家中的商業領軍企業為主，也包括已開發國家中迅速發展的企業。

註45：又稱亞布力論壇或中國企業家論壇，是一個中國企業家的思想交流平臺。2001 年成立於黑龍江亞布力，每年吸引中國各行業的企業 CEO 及活躍經濟學家作為參會的代表與嘉賓。

註46：中國平安保險（集團）股份有限公司，主要業務是提供多元化金融服務及產品，並以保險業務為核

心。

註 47：中國投資有限責任公司，是經中國國務院批准設立
　　　的國有大型投資公司。

註 48：兩者均為中國戶外電視廣告網路營運商，於 2006 年
　　　合併。

註 49：兩者均為中國影片分享網站，於 2012 年合併。

註 50：專車與快車一樣屬於即時叫車，區別為專車的車型
　　　較為高級、費用較昂貴。

註 51：使用者在線上尋找與自己出門路線相符的駕車者或
　　　乘客，並與對方順路一起出行，費用通常較低。

4-3 50 句創業思考，幫你提煉出 Web 3.0 的新方向

　　50 個來自程維的句子，幫助你瞭解這家未來的巨頭公司。如果你在營運一家創業公司，你甚至可以將它視作一個做得還不錯的傢伙給你的 50 條建議：

　　1. 滴滴快的可能是目前中國燒錢最多的網路公司。

　　2. 我們確實要花很多錢，這是關鍵。我們可能融到比很多網路公司多得多的錢。

　　要說有沒有困惑，一開始我確實很困惑。我煩惱為什麼得花這麼多錢，還要不斷地融資。剛合併時有 13 億美元，我本來以為能花很久，很多公司上市都只拿到 2 億美元。但沒想到過了半年我們又在融資。

　　融資並不是一件讓你很開心的事情，是因為有危險才需要去儲備糧食。

　　3. 後來我慢慢想明白，我們做的這件事情，就是網路

到後期打開的一扇巨大的門。

出行是每個人的剛性需求，是我們每天都會做的事情，註定是個巨大的市場，必須面對最殘酷、最激烈的競爭。沒什麼好猶豫、抱怨的，所以我們又融資一輪，我已經數不清這是第幾輪了，也沒算清到底融資了多少錢。

4. 我們是一家野生的公司，在交通行業裡沒有背景和靠山。身為一家網路公司，我們生在狼窩裡，生下來就必須浴血奮戰，從第一天起就面臨最激烈的競爭和最嚴屬的政策監管。死掉的機率很大，能活下來反倒是幸運的。

5. 網路到今天為止，好做的都被人做了，剩下的都是懸崖峭壁，裡面還有激烈競爭。為了生存必須殺出一條血路。今天我們依然是創業者，滴滴和網路出行都還在起點，這扇門剛剛打開。因為有補貼，大家才習慣用手機叫車，然後用微信支付。

6. 事情才剛開始，關於未來的出行，今天大家只看到冰山一角，挑戰只會比以前更劇烈。才出狼窩，又進虎穴，我們內部非常有危機感。

我們公司的處境就像一輛時速 250 公里的車，在路況非常複雜時，還不時有人來撞你。任何一個細節操作不當、一條彎道、一塊石頭，都可能前功盡棄。我們非常樂

觀，但又非常保守。

7. 正常情況下，創建這樣一家公司需要 10 年，而我們只用了 3 年。

8. 所有行業的空窗期都在縮短。之前做一個入口網站，晚一兩年做也沒關係，招聘網站現在還有人在做。但做團購，基本上晚 1 年就沒什麼機會，空窗期只有 1 年。做打車軟體，晚半年就不用玩了。電子商務打了 10 年，還有十家企業。團購打了 5 年，還有三家企業；我們是打 3 年就打到剩一家了。

劇情發展加快，背後是非常激烈的競爭和博弈，是劇烈的競爭在使行業發展速度變快。

9. 剛開始要用 10 年去教育用戶，後來淘寶用 3 年去教育用戶線上購物。淘寶開啟免費時代，360 和淘寶用免費打擊對手。但現在是補貼時代，免費都沒人用了。**教育使用者，是為了降低門檻讓使用者嘗試服務、改變習慣。**現在因為競爭的強度和資本的充裕，行業競爭進入補貼時代。全行業都一樣，我們只是最早做而已。

競爭和資本催著所有人跑百米賽。原本是千米、萬米賽跑，現在是百米賽跑，而且還打興奮劑。我們一直在高速競爭之中為了生存而戰。

10. 你是因為缺點少而活下來。現在的競爭，不是說哪件事做得好就能勝出。現在是比誰缺點更少，必須努力彌補自己的每一個缺點。產品不好就不用講了，即使產品好，但技術或體驗不好也不行。產品、技術都好，行銷不行，讓用戶罵；或者線下不行，找不到司機。這些都會導致公司猝死。

你身上的每一個弱點，你不瞭解、沒有經驗的，毫無意外都會成為公司的缺點。甚至連你不懂某個法規（像是智慧財產權），於是忽略那一塊，都會犯下大錯誤。我是偏業務出身的，一開始並不瞭解技術，就犯過錯誤。或者沒有提前和政府做有效的溝通、沒有背景，這也是缺點。**每個缺點都必然會成為公司的問題。**

11. 第一，要快速學習，付出代價後就會痛，痛了以後就希望快速學習，補上缺點。第二，沒有完美的個人，要建一個完美的團隊。

網路是分門派的。阿里營運行銷做得很好，騰訊產品做得好，百度技術做得好，高盛戰略做得好，我們要虛心地去學習。必須要讓自己沒有缺點，要包容地去學習和整合。所以，我們是百度的技術、騰訊的產品、阿里的營運、高盛的戰略和投資，這樣一個聯合國部隊。**靠一個完美的團隊去補上個人的缺點。**

12. 創業就是在半夜推開一扇門，走一條看不見的夜路。只有走出去，才知道有什麼問題。心力、腦力、體力都是挑戰。目前看起來，心力第一，腦力第二，體力第三。

首先你要有心力支撐自己往前走，鼓勵自己和大家去面對挑戰，要樂觀積極。腦力是你要開始學習，不能避免犯錯誤，但也不能所有錯誤都經歷一遍。你必須去跟身邊的創業者、前輩學，到創業以外的領域學，去看古代的戰爭或歷史。

你沒有那麼多犯錯的機會，因為時間短、速度快、容錯率低。體力上，必須要有旺盛的意志和戰鬥能力。戰鬥是沒有停頓的。我們一直在激烈地競爭，PK 搖搖、快的，然後合併。合併後，立馬 PK Uber。沒有停頓，天天在坐過山車。

我們都還算年輕，晚十年絕對扛不下來。

13. 無知無畏。開始創業時，我只有勇氣、直覺和衝動。如果之前知道情況是這樣，也許就不敢創業。再走一遍，也未必能走到今天這個地步。

有太多的不確定性與偶然，是一步步走過來的。但是我在享受創業的不確定性，雖然挑戰很多，但不痛苦。要享受這些不確定性。

一定要珍惜早期創業的時光和這幫兄弟。早期創業時

很幸福，充滿夢想。一個小的團隊，很單純。

14. 今天發生的事，無數次地發生在別的公司、別的國家，凡事都有值得學習的地方。既要從商業史，也要從戰爭史中學。

滴滴和快的的補貼大戰，在中國商業史上沒有先例，很難靠商業或網路的案例去研究接下來怎麼辦、怎麼贏。我是實用主義戰爭史的愛好者，看了很多戰役。

我在尋找類似戰爭案例時，看到了凡爾登戰役（註52）。在巨大的消耗戰之中，到底誰會贏？我看到在武器或偶發因素上，要如何把握好每一步。

一戰打完以後，因為巨大的消耗，使得二戰時大家選擇閃電戰，現在也是一樣，思考如何最快、最有效組織資源，最快去贏得市場。

15. 要知道誰是做得最好的，找做得最好的公司，找到做得好的規律。

做得好是因為它對整件事的思考是最深刻的，也找到最基本的規律，並且以此為重心去架構團隊。百度相信技術改變世界，騰訊相信產品改變世界，於是分別以技術和產品為重心去架構整個公司。這就跟武林有各種門派一樣，並沒有對錯。

但今天我們在這樣一個狼窩裡，要想活下來，就得多

學一些。不但要好學，還必須快速成長。2012 年，在我們第一次開的中高層管理者月度會議「在路上」中，所有管理者達成共識，寫下一句話：「未來最大的挑戰不是市場競爭、不是政策監管、不是資本或巨頭，是我們這群人在高速發展的行業裡，成長能不能跟得上。」

今年在路上會議改叫「在風口」會議。這不是為了炫耀，是為了給自己警告：如果說今天我們有一些成績，那是因為運氣、時代背景、大量資本，以及行業特性。我們自己還有太多事沒做好，但風一定會過去。**面對未來要有敬畏之心，才能保證更好的未來。**

16. 開始創業時，我沒有想到做打車軟體這麼難。那時候覺得團購的千團大戰很激烈，哪能想到，打車軟體比團購競爭激烈多了。

推開門往外走，哪知道外面是什麼路？就像大航海時代一樣，只有一個模糊的方向要去美洲，但是沒人去過。你帶大家出發，但並不知道一路上是否有風暴或漩渦，也不知道美洲代表什麼。

但是一旦上路，就沒有選擇。不管外在的環境怎麼變化，遇到風暴、漩渦，或者任何內部挑戰，例如越來越大的隊伍要如何合作。決定創業就是這麼一次毅然而起，沒有太多的計畫。

17. 我們為什麼會合併？是因為看到移動出行的巨大機會，不想在計程車上長時間內耗。2015 年年初定下一個目標，就是從滴滴快的打車，變成滴滴快的出行。

我相信交通出行領域未來會與網路結合，會更加市場化。也就是說，網路化和市場化是兩個趨勢，會有一個面向未來的新出行平臺。

18. 私家車要搖號買車和限號，除此之外就只有計程車和公共交通，出行越來越難。在我們的規劃裡，未來應該是個「一站式」出行平臺。

最優先的是公車，70% 的人每天早晚固定上下班，未來的滴滴巴士會把它們拼在一起。原來的巴士不準點、體驗差，但新的巴士一定是準點、有座、直達。有一部分人搭順風車上下班。

臨時緊急的出行，則去坐計程車和專車，專車就是更市場化的計程車，我們會提供各種級別的專車服務來滿足臨時需求。這是面向未來的出行體系，我們稱之為**「潮汐理論」**（註 53）。

應該要有一個大的平臺出現，去有效引導大家的出行，而不是不知道應該怎麼走、久久等不到車。我們在建一個「蒼穹系統」，每個人的出行需求都回饋給它，每個交通工具也都對接上來。它根據即時的情況，透過市場化的手段去配置資源，包括價格體系。潮汐體系和蒼穹智慧

調度體系，應該能讓我們的出行效率更高、體驗更好。

19. 潮汐理論是周其仁教授（註 54）提醒我們的。他說做專車不能解決問題，**必須要把社會上的閒置資源整合起來**。專車就像是多建酒店，建得再多，高峰期也滿足不了需求。要靠私家車主的幫助，才有可能滿足波峰的需求。

周其仁教授說，他研究經濟改革，最近一二十年一直在呼籲改革，但沒有哪個領域真正做到。好改的都改了，不好改的就改不了。他說看到我們就像看見小崗村（註 55）一樣，希望我們再難也要堅持。他相信只要是民心所向，一定會所向披靡，但是這個階段會有很多困難。

經濟學家研究過去，而我們創造未來，周教授給我們很多的鼓勵和幫助。

20.「蒼穹」是未來交通出行的調度引擎。它的演算法是整個網路業態裡面最頂尖的，是皇冠上面的明珠。我希望主抓這個項目的同學去申請圖靈獎（註 56）。

原本在網路科技上，技術難度最高的是搜索，演算法難度很高。但我們做出行平臺後，發現它的演算法複雜程度遠超過搜索。

搜索是相對靜態的，今天搜明天搜，結果差不多；我們是純粹動態，過幾秒鐘車開過去，就不適合接你了。其

次，搜索本身是單向選擇，你想要什麼，它給你什麼；出行則是雙向的，既要考慮乘客的需求，也要考慮司機的需求，複雜性呈幾何式增加。

最後，搜索是單點獨立的演算法，一個人搜和一萬人搜互不干擾，但一個人叫車和十個人叫車就不一樣。所以它比之前的搜索演算法要複雜得多，再考慮商業化，考慮反作弊，考慮多種產品的協同，例如沒有計程車就要推薦巴士。為此我們在全中國尋找最好的大數據專家，到矽谷尋找最頂尖的工程師人才。

21. 我每天把 30% 的時間和精力拿來面試，面試是第一優先順序。我們非常在乎團隊建設，所有總監以上的人員我都要見一下。剩下的工作時間就是花在團隊和業務上，對外的應酬和採訪較少，極少參加活動。

22. 我們的核心成員都很年輕。雖然有很多業務，但大家是一個團隊。做專車業務時，一夜之間從計程車團隊調兩百多人過去，大家沒有怨言，因此也沒有什麼溝通成本，全部接受調動。

做快車、做順風車，都是一樣，整個團隊全力以赴幫忙和支持，確保每個產品都能迅速做起來。

我們花很多時間去總結和沉澱。第一場仗打完，我們就看到底哪裡打得不好，有什麼可以總結的經驗。所以在

打「專車之戰」時，就順利一些；做快車、順風車時，就更順利了。

滴滴快的在短時間裡面反覆錘煉怎麼做新業務，從架構到業務打法，這種公司很少見。這半年時間，我們每兩個月推出一項新業務，花一個月時間做到市場第一名。背後其實是從業務到團隊，對怎麼孵化新業務的反覆總結。

23.8 月 14 日，我早上見馬明哲（註 57），晚上見高曉松（註 58），這兩個人是我主動約的。我希望學習中國平安的厚實、縱深和穩重。跟高曉松聊了很多，主要想問他一個問題，在東西方博弈中，強弱的關鍵在哪裡。

在各個領域，包括音樂、電影，當然還有公司，都是東西方兩極在發展。但總體來說，不管音樂還是電影，東方都是落後的。我希望找出共性的原因，才能針對原因做出改善。

24. 我們是今天中國燒錢最多的公司，但不希望浪費一分錢，所以你看我們的辦公室。柳青（滴滴快的COO）原本在高盛的待遇是頭等艙加五星級酒店，在這邊則是經濟艙加漢庭全季酒店。

我們希望傳遞的是，要敬畏每一分錢。我覺得我們還是很年輕的隊伍，未必能夠駕馭這麼多資本，只有先從敬畏它開始，再去練習怎麼使用。

25. 這是一個真實的故事，有位政府事務部的同事被約談，受到嚴厲的批評、責罵。回來後我問他怎麼樣，他說聊得挺好的。

為什麼好呢？因為激烈的話講完後，記錄的同學都沒記那些嚴厲的批評，但講得好的全都記下來。我的同事說，我也不認識他，但他內心一定是支持我們的，所以在力所能及的地方給予幫助。他覺得看到希望。

這是絕對的井岡山精神（註 59），充滿理想與內心的激勵。我們不去判斷有百分之多少的機率能贏，對我們而言，**99% 和 1% 的機率是一樣的，都必須要勇往直前**。即使有 99% 的機率，最後沒抓住不也會輸嗎？

26. 創業 3 個月我就能感覺到，可能只有 1% 成功的機率。怎麼拉司機，怎麼拉乘客，怎麼和交委談，怎麼談投資人。太難了，競爭太激烈，行業太血腥。

27. 我其實運氣真的很好。

我在創業前，曾跟一位創始人一起去過一趟八大處（註 60）。我絕不迷信，也沒有再去還願。我覺得如果真的全力以赴，是會有好運氣的。身邊會不斷有貴人加入、幫助我們。會有很多偶發的事件，像 2012 年北京那場雪（註 61）。

所以我比過去更自信、更淡定。我們克服這麼多困

難，燒了這麼多錢，打過最激烈的戰役，面對過最嚴酷的監管。就像你爬過最高的山後，就會更淡然、從容一點。

28. 我希望這是最後一輪融資。我想開發出平臺的商業化潛力。

上市不是我們的目標，內部不允許討論上市。一流公司都不是以上市為目標，因為上市只是一個階段，上市帶來的知名度和融資能力，說實話我們已經具備，因為我們融了比絕大多數公司上市時還要多的錢。

29. 外面總會懷疑我們受到騰訊、阿里巴巴控制，其實它們只是投資人，就像你不能說阿里巴巴是雅虎控制的一樣。**一家公司如果失去獨立的意志，就像人失去靈魂一樣，不可能再有長遠發展。**我們是獨立決策的公司，很感謝 30 個股東一路上的幫助，同時也幫助他們。

30. 我融資別人的錢，他占我的股份，這是公平的交易，但決策權則不一定。在這裡（股東）沒有決策權，管理層決策是我們的原則和底線。如果你想開車就別來了，想坐車則可以一起走。從第一天開始就是這樣。騰訊和阿里都很尊重我，我們是有獨立意志和發展的公司。

31. 我每天把大家叫來吃飯，基本上都是跟同事、團

隊在一起，這會讓我安靜下來。

32. 我跟柳青會和投資人商量事情。多數情況下，外面的建議都是在不夠瞭解公司的情況下提出的。

創業者每天連做夢都在想公司的事，掌握大量外人不知道的資訊，包括有什麼樣的背景等。所以基本上我們都是內部討論，具備充分的資訊量後再一起思考。

我們幾乎不對外尋求建議，因為光要跟對方講清楚現在是什麼情況，就累死了。務虛層面，我們和騰訊、阿里常有交流，但具體決策我覺得還是要相信自己。

33. Uber 對我不至於有壓力，有壓力的是要面對的問題：如何在新的戰鬥中獲勝。我們一直在面對各式各樣的對手，Uber 是其中之一，是我們快車的對手，順風車、代駕也有各自的對手。

我們希望藉由與 Uber 的競爭，去探究到底是什麼造就東西方巨大的差異，要如何讓自己更強大。我們研究了很久，很有意思。

34. **刷單**（註 62）**這件事，就像美軍去越南，而越南有沼澤。** 其實我們也不希望遇到沼澤，但實際上它確實也有發揮作用。

我們內部花巨大的力氣打擊這種作弊，有補貼才會有

作弊，現在的作弊並非個人，而是團夥化，這種大規模作弊很賺錢。我們努力打擊這種現象，希望讓行業更好。

我覺得 Uber 目前還是用野蠻的方式擴張，欠缺精細化營運。美國企業很難理解中國的刷單現象，其實大量補貼也催生這種現象。

35. 很久以前我見過關明生，第一個問題是問他馬雲怎麼組建團隊，那是對我啟發最大的事情之一。我跟他說，《水滸傳》三分之二都在講怎麼找到一百零八將，找到以後的故事就沒印象了。真正精彩的是這一百零八將上山、入夥、結義的過程。

創業也是一樣，我對工作的定義是：**怎麼找到一群志同道合且有創造力的人，怎麼激發大家為共同的夢想努力**，而不是讓他們去執行我的某個想法，那樣我覺得太粗俗了。

關明生 2000 年加入阿里，當時的團隊班底包括馬雲、彭蕾、蔡崇信、吳炯、李琪，都是強者。在後來的 10 年電商浪潮裡，這個團隊無人可及。它抓住幾乎所有的機會，包括 C2C、B2C、支付。手機出行系統無疑也是一個巨大的市場，但我們能不能也有超級團隊？

如果想不辜負這個機會，就要把構建團隊這件事做到極致。有這樣一群人，就能慢慢做出這樣的事。我們做了很多業務，在我看來是順其自然的事情。

36. 我們內部有一句話：「**不是因為你是什麼樣的人，所以去做什麼樣的事，而是因為你做了這件事，你才變成這樣的人。**」

37.（挖人）通常挖 3 個能來 1 個，我拿三分之一的時間來看各式各樣的人，經常和團隊挖人挖到凌晨兩三點鐘，聊 5 個小時。把團隊照顧好、激勵好、輔導好，業務是自然而然的結果。

38. 我們非常擔心大家都認為滴滴快的已經是大公司了。如果公司內部都覺得我們是大公司，都想著上市，代表我們已經發展到臨界點。

最近我們幾乎停止招聘，在年底之前我希望整個團隊不要超過 5000 人，大概只能再招一百多人。我們希望控制團隊規模，雖然在 O2O 企業裡面滴滴快的員工還不算多。美團有 16000 人，58 趕集有 20000 人，連餓了嗎也有 10000 人。聽起來好像我們的人不算多，但我依然覺得發展太快了。

團隊還不扎實，很多同事為什麼要進來、有沒有合理的目標和期望值、能不能融入我們的團隊、工作內容是不是合理、技能有沒有得到培養，還有是否能維持我們的文化……，有大量這種問題。我們想先停下來修煉內功。

39. 柳青來後，我們努力地把 PR、HR、行銷團隊、戰略團隊打造得更強。業務就是枝葉，團隊是根。HR、財務或 PR 行銷不扎實，業務就好不起來。

40. 市場必然有競爭，跟 Uber 陷入消耗戰又怎麼樣？我覺得如果真的進入沒有競爭的階段，公司也會停滯。促使滴滴快速發展的最大因素，就是最激烈的競爭。我不覺得在中國有哪家公司比我們競爭更殘酷、更血腥，外賣業務競爭的規模和量級也沒這麼狠。

消耗戰有消耗戰的打法，閃電戰有閃電戰的打法，我們打過閃電戰，也打過消耗戰，整體來說還是有信心。

41. 有段時間，美國幾個電信公司間也有同樣劇烈的競爭。大家都鋪網點、賣套餐，做價格上的惡性競爭。但最終還是有企業透過技術創新而突圍，例如把銅線換成光纖、換成更便宜的技術。

所有產業競爭都很激烈，在中國只有極少情況下不激烈。房地產不激烈嗎？**關鍵是能不能有價格以外的競爭力，除了便宜以外，還有沒有其他跟對手不一樣的東西。**

如果沒有那確實很慘，業績也當然會很慘，因為你只是個便宜的管道而已，應該被逼著去創新。我們在這一行思考過很多，也做了許多工作。我相信我們在未來還是會具備其他核心競爭力。

42. 我們的計程車業務已不再補貼，但還是很多人在用。補貼是讓使用者嘗試服務的手段。使用者先試試看，體驗產品並且檢查問題，然後決定在不給補貼後是否繼續用。**必須靠補貼讓很多人來試用，因為業務需要規模。**

靠補貼拉上去，維持在一個水位，再透過營運和產品的更新來確保繼續增長。我們不是像外面想的那樣，靠補貼維持發展。沒有補貼後還能吸引人繼續用，是因為這項出行服務的性價比高。

43. 三年前我們創業時，無數人在抱怨，但沒有人真正在行動，也不知如何行動。我覺得這把鑰匙被我抓到了，就是網路市場化和共用經濟。

用這把鑰匙當作出行的切口，就能讓長久以來沒什麼變化的市場，開始有所變化。但在體制上，可能還是有很大的衝突和矛盾。現在，許多管理方法還明顯維持在原本的計程車業態。改變的過程我相信不是一蹴而就，而是冒著炮火前進，因此較為悲壯。

壓力確實很大，這時希望能有更多力量來幫助推動、過關。也許有一天我們會倒在路上，然後回到過去。我們希望行業更加開放，走向市場化，因此呼籲推出監管方案。我們只是三年的新創公司，市場競爭包括與國外公司的競爭和監管，對我們而言都挺難的，而且輸不起。

44. 處理與監管的關係，從第一天起就是重要工作。我們上線第三個月時，在深圳被叫停。當時在北京和深圳上線服務，其實是覺得北京可能被封，深圳是留個後路，結果深圳被封，我們很錯愕。第一天起就徘徊在挑戰政策的邊緣，做這件事比想像得困難多了，但是也沒什麼好抱怨的。

對於企業而言，唯一能讓你生存下去的是用戶的體驗和滿意度，這是我追求的目標。我們本意並不希望添麻煩，而是希望出行更美好，目標和監管部門相同。

45. 沒有太多時間感慨，我們開會時很少去回憶過去，覺得現在有多強。我們還在快速發展，面臨許多風險和挑戰，包括激烈的競爭、嚴厲的監管，內部也有很多快速發展帶來的問題，哪有時間傷感？希望不要有一天為今天傷感就好了。

46. 我一開始不願意接受騰訊投資，是因為想堅持獨立，有種不安全感。

但實際上我們得益於這種合縱連橫策略，現在網路已經不再像初創時期，大家在一片開闊大地上各做各的事業。它已經有複雜的格局，要想發展起來，確實需要在戰略上改變。外交、軍事、內政一樣重要，不能只做內政，顧著打自己的仗，而忽視結盟和外交。

看看戰國時期，不僅軍事要強，外交策略也是關鍵。很多企業幫助我們，我們也幫助很多企業，形成雙贏的局面，幹嘛一定要跟人家打仗？

47. 馬雲和馬化騰人都很好，不會高高在上。我覺得靈魂要獨立，但態度還是要謙虛。我們畢竟是晚輩，是年輕的企業，因此要以請教、學習的姿態去溝通。

48. 我們幾乎是零容錯率的公司，如果在一個地方犯下錯誤，很可能比賽就結束了。做到現在只是提著褲子一直跑，跟跟蹌蹌沒摔倒，所幸褲子還抓在手上沒掉下去而已，肯定還有不完善的地方。

49. 我們希望未來變成體驗和數據驅動的公司，在戰略上除了做出行品牌，也和整個汽車產業融合。我認為傳統網路做管道的公司都沒有核心競爭力，只是一個管道，賣別人的服務、商品，十分危險，必須能與整個傳統行業深度結合，並且佈局整合，才能提供有壁壘的服務。

所以我們未來可能不只是出行、叫車的平臺，希望能把整個車廠、經銷商體系和市場服務結合，讓整個出行系統效率更高、成本更低、服務更好。這是未來要做的事。

50. 柳傳志給我的建議是：正直。要想贏，靠聰明、

能力；但要想贏三十年，靠正直。

註 52：第一次世界大戰中破壞性最大、時間最長的戰役，
　　　　戰事從 1916 年 2 月 21 日延續到 12 月 19 日，德法
　　　　兩國投入 100 多個師兵力，軍隊死亡超過 25 萬人，
　　　　50 多萬人受傷，傷亡人數僅次於索姆河戰役。

註 53：許多事物的需求都有變化，正如潮汐高低起伏的特
　　　　性，稱為「潮汐需求」。舉例而言，在連續假期期
　　　　間，長途運輸需求與平日相比將大幅提升。如果按
　　　　照潮汐的規律，便能使效率、利益等多方面達到最
　　　　大化。

註 54：中國經濟學家，北京大學國家發展研究院院長、教
　　　　授，長期關注中國經濟改革問題，是中國農村改革
　　　　方面的重要學者。

註 55：中國農村改革發源地，1978 年時，當地 18 位農民冒
　　　　著極大的風險簽下土地承包責任書，拉開中國改革
　　　　開放的序幕。

註 56：電腦協會（ACM）於 1966 年設立的獎項，獲獎者
　　　　必須在電腦領域具有持久而重大的先進性的技術貢
　　　　獻，是電腦界最負盛名的獎項，有「電腦界諾貝爾
　　　　獎」之稱。

註 57：中國平安保險集團的董事長兼 CEO。

註 58：身兼音樂製作人、導演、作家以及脫口秀主持人等

多種身分，中國校園民謠的代表人物。

註 59：即為革命精神。井岡山有「革命搖籃」之稱，1927
　　　 年 10 月，毛澤東等中國共產黨人在這裡創建第一個
　　　 革命根據地。

註 60：又稱西山八大處，是指位於北京市西郊翠微山、盧
　　　 師山、覺山的八處漢傳佛教寺院。

註 61：2012 年 9 月時，滴滴發布的第一個版本，乘客需支
　　　 付 3 元人民幣。當時競爭對手搖搖也有這項費用，
　　　 但滴滴率先取消，使乘客數快速上漲。加上 2012 年
　　　 冬天，北京下了數場雪，讓滴滴的乘客數更快速增
　　　 加，直到 12 月底，搖搖才取消向乘客收費。

註 62：指以作假方式提高銷量和商家信譽，不需要實際購
　　　 買的行為。

Chapter 4
透過垂直整合，讓你的網路行銷更有力！

　　創業就是在半夜推開一扇門，走一條看不見的夜路。只有走出去，你才知道有什麼問題。心力、腦力、體力都是挑戰。心力第一，腦力第二，體力第三。首先你要有心力支撐自己往前走，鼓勵自己和大家去面對挑戰。腦力是你要開始學習，不能避免犯錯誤，但也不能所有錯誤都經歷一遍。你必須去學習，去跟身邊的創業者、前輩學，到創業以外的領域學，去看古代的戰爭、去看歷史。體力上，必須要有旺盛的意志和戰鬥能力。戰鬥是沒有停頓的。

" "

很多人這樣問：「我想開一家公司，我該做什麼？」

我提出的第一個問題是：「你熱愛的是什麼？你開的公司想要做什麼？」他們大都笑說：「不知道。」

我給他們的建議是，去找份工作讓自己忙碌起來，直到你找到答案為止。你必須對自己的想法充滿熱情，強烈感受到願意為它冒險的心情。

——賈伯斯（美國蘋果公司聯合創始人）

" "

Chapter 5

Web 3.0 企業　奇虎360

網路要勝出竟然是透過用戶體驗，去改善產品！

5-1 靠「免費」思維起家，他成功稱霸資安領域

李翔按

　　後來，周鴻禕不只在一個場合反思他曾推崇備至的「硬體免費」思維。他的新觀點是，免費戰略的確適用於部分網路產品，例如 360 的防毒軟體或騰訊的微信。因為對網路產品而言，最主要的成本是前期開發成本，服務 5 萬使用者和服務 500 萬甚至 5000 萬使用者，成本變化不大。

　　但是對於手機等硬體產品，以及需要與線下產業結合的 O2O 行業，隨著用戶增加，成本也會增加。新增用戶的邊際成本，並不像防毒軟體、QQ 或微信一樣會不斷降低，乃至趨近於零，而是仍然居高不下。

　　周鴻禕的網路硬體之路並不順暢。他和酷派（註 63）的合作，因為樂視（註 64）的介入節外生枝，周鴻禕、酷派和樂視在媒體上大打口水仗。最終，後來者樂視成為酷派的第一大股東。周鴻禕

則控股了奇酷手機，把兩個品牌奇酷和大神都歸攏到 360 手機旗下（註 65）。

但是，360 手機始終也沒能在智慧手機市場上掀起多大的波瀾。出人意料的是，兩家從線下起家的公司 OPPO 和 vivo，在 2016 年成為智慧手機市場的最大贏家。反倒是周鴻禕擔任董事長的另一家公司「花椒直播」趕上當時直播熱潮，衝進直播領域的第一陣營。

沒能取得手機和智慧硬體的勝利，完成從美國的退市（註 66），周鴻禕應該仍然在焦慮。不過，這也是創業者的宿命，哪怕他已經躋身「大佬」行列。

"

中國網路世界最知名的反抗者，如今也成為一名成功者。在與周鴻禕的長談中，這位已經成為大亨的中國網路界最知名鬥士，向我們展示他的困惑、對網路的看法，以及對很多問題的重新思考。當然，也談及他為何重新返回手機行業。

大多數公司的辦公室都值得一逛。按照某種不知道是否科學的理論，我們可以從其辦公室的佈置，來揣測這些能在自己領土內呼風喚雨的商業大亨的個性。

京東的辦公室分佈在北京亞運村一座辦公樓內的數層樓中，每一層的入口處都站著一位穿著黑西裝、人高馬大的保安人員，這是一家資產沉重得不像網路公司的網路公司。

小米在清河的辦公室有個乾淨明亮的前臺，一側牆上的大螢幕裡循環播放著小米的廣告。而小米網辦公室的旁邊就是一間小米專賣店，再加上無處不在的米兔形象，這是一家擅長推銷自己的新銳消費電子公司。

搜狐搬到融科中心之後，在辦公樓的下沉空間設置大量的公共區域，包括咖啡館和餐廳，就像創始人張朝陽一樣時尚休閒。

阿里巴巴的西溪園區，由日本建築師隈研吾擔任主設計人，讓人想到馬雲不只一次提及自己對日本文化的喜愛。

巨人網路的辦公區由普利茲克建築獎得主湯姆·梅恩主持設計，不僅漂亮，而且造價高昂，史玉柱自己說光設計費就 1100 萬美元……。每個記者都可以將這個名單無限制地羅列下去，並且講出一些讓人印象深刻的細節或軼事。

奇虎 360 的辦公室遠離北京的科技網路中心中關村。這家全球第二大的網路安全公司，將總部放在遍佈畫廊和藝術家工作室的 798 藝術區旁。創辦者周鴻禕在年少時曾經想成為一名畫家，有時他會問同事：「你不覺得我像個

藝術家嗎？」（不過他也會問：「你不覺得我像是 1990 年後出生的嗎？」）

從地理位置上來看，你可以說這有點像 360 在中國網路世界中的位置。人們數得出它的對手，卻不知道它的朋友是誰。它似乎獨立於盤根錯節的中國網路世界。

19 世紀的歐洲王室透過聯姻的方式結成錯綜複雜的同盟，而在網路世界裡，金錢就是巨頭的血液。他們透過投資來結成姻親，編織自己的利益鏈條，或者說生態系統。

周鴻禕不只一次地引用過毛澤東的這句話：「誰是我們的朋友，誰是我們的敵人，這是革命的首要問題。」當這個問題被用來問他時，周鴻禕的回答是：「我覺得除了百度和騰訊，以及他們的打手，其他都是朋友。」

穿過懸掛著「為人民服務」標語的大堂（「為人民服務」這五個字可能是中國最早的拜用戶教口號），搭乘電梯到 15 樓後右轉，走過一道門禁便是周鴻禕的辦公區。他辦公室外的右手處，是個舒適的陽光房。陽光房可以通向外面的露臺，他的同事有時會到露臺上抽煙。

經過助理的工作區，就可以直接進入周鴻禕的辦公室。一進門正對的就是他的辦公桌，其後兩扇窗間的牆上，懸掛著切·格瓦拉（註 67）的畫像。只要在辦公室，周鴻禕每天都在他的注視下工作。這位著名的理想主義革命者被周鴻禕視為圖騰，而他本人在中國網路世界

中，也被視為一名叛軍領袖。

不過，在辦公桌另一側放的則是一尊觀音像。寬大的辦公桌上，除了一部聯想一體成型電腦，還擺放著宣紙、墨汁和幾支毛筆。周鴻禕愛聽音樂，他那套豪華音響曾經是相關報導中的常客。桌上放著一些 CD 唱片，不過搭配同樣讓人匪夷所思：萬能青年旅店（註 68）和鄧麗君。

進門左手是一排貼著牆的書架，架上擺滿圖書、黑膠唱片、各種獎盃和紀念品，例如鋼鐵俠限量版面罩。這些書未必是主人自己擺放的，但一定是經過他的選擇。以下是一些例子：

兩本《矽谷熱》（註 69），在談到對自己影響巨大的書籍時，周鴻禕不止一次提到這本早年出版的講述矽谷的書。

傑克・屈特的《定位》書系同樣進入他的推薦書單。

全套的彼得・杜拉克、亞馬遜的公司傳記《貝佐斯傳》、傑克・威爾許的自傳和其他管理類書籍，這些屬於好學管理者的正常書目。

《戰爭論》（註 70）和《武經七書》，考慮到辦公室的主人曾經被稱為「戰爭之王」，這也可以理解。

艾茵・蘭德（註 71）的《阿特拉斯聳聳肩》、《禪與摩托車維修藝術》，開始有點文藝。

馬素・麥克魯漢（註 72）的兩本書《議程設置》、

《理解媒介》，這是主修傳播學學生的必讀書，但我從未看完過。

接下來再次進入正常的書目，是包括《金剛經》在內，談論佛與禪的書籍。

讀書和聽音樂都包括在他的最大愛好中。他說自己衡量富裕的三個標準是：買書時可以不用看價錢，可以用上好的音響，以及吃點好的。但是，管理一家公司所帶來的忙碌正在吞噬這三個愛好。

辦公室的另一側是一組沙發，這是他的會客區。沙發旁還擺著支架式夾紙書寫板，表示他會在這裡開小規模會議。沙發前的茶几上堆滿文件、數疊雜誌、水杯、巧克力球、一些公司產品，包括兒童安全手錶和路由器。

談話時，他會讓你看看這款新的路由器，它擁有漂亮光潔的外型，據說是借鑑蘋果的產品而來。他也指出自己對兒童安全手錶的外包裝設計不滿之處：「我老罵他們這個兒童手錶的外包裝，雖然色彩繽紛是很好看，但應該在外包裝上標出幾個重要功能吧？！」

他表示這樣的細節會讓自己「抓狂」，卻忘記自己剛說過的話：「他們已經跟我說過好多次，要我別在接受採訪時公開批評同事和自家產品。」

我們的談話就在他的這塊個人「領地」中進行。當然，他可能更願意將「安全」視為自己的領地。**2009 年**

10 月，周鴻禕手持免費這把「利劍」，衝入原本由幾家防毒廠商統治的網路防毒領域，最終成為市場份額最大的網路安全服務提供者。他說：「我就專心做好安全就好。安全是人的基本需求。」

2007 年 1 月 9 日，史蒂夫‧賈伯斯將「蘋果電腦公司」中的「電腦」兩字拿掉。看到當天發佈的 iPhone 時，人們便明白蘋果的雄心。周鴻禕的雄心在於，他可以將安全的外延無限擴大，他創辦的公司可以從網路安全擴展到行動網路安全，還能繼續擴展到智慧硬體、企業網路，甚至國家網路安全。「**安全本身是一個足夠大的概念。**」

註 63：酷派集團，是一家行動通訊終端裝置研製與軟體開發的中國企業。

註 64：樂視移動，是中國網路產業樂視控股的開發移動設備部門，負責手機業務。

註 65：大神是酷派集團於 2014 年 1 月推出的手機品牌，同年 12 月，酷派集團與奇虎 360 合作，將此品牌分離出來成立合資公司「奇酷科技」，擁有奇酷與大神兩個品牌。兩家公司原先持股比例相近，但經過 2015 年 9 月的協議，奇虎 360 所持奇酷科技股份增加到 75%，成為奇酷的第一大股東。

註 66：2016 年 7 月，奇虎 360 私有化的買方之一中信國安

宣佈，已根據合併協議完成合併，奇虎 360 私有化交割完成，結束了 5 年多的美股生涯。

註 67：本名埃內斯托‧格瓦拉，是古巴革命的核心人物之一，著名的國際共產主義革命家，古巴共產黨的主要領導人。

註 68：中國獨立搖滾樂團。

註 69：由知名的新聞暨傳播學系教授埃弗雷特‧羅吉斯所著，是解密矽谷的經典著作，影響中國一代高科技創業者。

註 70：普魯士軍事家卡爾‧馮‧克勞塞維茲的軍事理論作品，總結作者所經歷過的歷次重大戰役，被奉為西方軍事理論的經典之作。

註 71：俄裔美國哲學家、小說家。

註 72：加拿大著名哲學家及教育家，是現代傳播理論的奠基者，其觀點深遠影響人類對媒體的認知。

5-2 數度挑起網路商戰，他用戰鬥讓自己與對手成長

第一次見面時，周鴻禕才剛從美國回來，正在艱難地調整時差。原定在下午 3 點的談話被推遲了 1 小時。在一次會議後，他臨時決定要休息一下，然後在辦公室內迎接我，他客氣地表示之前見過我，並仍留有印象。

攝影師在他的辦公室內晃來晃去，先是佈置燈光、架起機器，為了其中一個機位還必須將沙發前的茶几移開。搬移茶几時發出刺耳的聲音，他一邊和我說話，一邊皺起眉頭表示不悅。接下來以上動作得再來一次，因為在他表示抗議後，他的同事便明確地要求攝影團隊不要再繼續拍攝。

我擔心這會影響他的情緒，但他繼續講著自己的美國之行。他以中國網路企業級代表的身分，到華盛頓參加中美網路論壇，隨後在矽谷與當時的國家網路資訊辦公室主任一起訪問美國的網路巨頭，包括臉書和蘋果在內。

在這兩個行程之間，是他自己的一次肆意行動。他在中美網路論壇上發表「IoT（物聯網）時代使用者資訊安

全三原則」的演講後，晚上和一起參加論壇的網路圈內人喝酒到將近凌晨兩點，但仍然堅決地訂好一張從華盛頓飛往舊金山的機票。

他在凌晨 4 點起床趕早班飛機，飛行 6 小時到達舊金山，去見一個網友。

「我打槍是自學成才。沒有人教我，我就不斷地靠自己悟，靠子彈餵。但是光靠子彈餵不能一直提升，還是要找人點撥。於是我在網上搜（他沒有說自己用的是什麼搜尋引擎），後來找到一個軍事網站『鐵血網』，認識一位在美國待很多年的華人，比我年紀大一些，經常發表有關射擊的文章。他在美國，有條件買很多槍，也練了很多年的槍。」

「他一聽我要過去挺高興的。我一出機場就直奔他租的靶場，那天還下著雨。我們在雨裡打了將近一千發子彈，等於練一整天的槍。」周鴻禕說著伸出手來給我看：「指頭都打出一個繭。」

周鴻禕對槍和射擊的熱愛不是秘密，在舊辦公室牆壁上還掛有他在香港打靶的幾張靶紙。在一次採訪中，他解釋說這並不是要表示自己尚武好鬥，而是代表心如止水，因為射擊時更需要冷靜。就像他解釋打真人 CS 遊戲（註73）時說：「興奮時腎上腺分泌增多，手一抖肯定就偏了。」

周鴻禕的私人愛好也延伸到產品上。360 之前將一款

特規手機取名叫 AK47，2014 年的平安夜，在宣佈和酷派合作製造手機後，周鴻禕發出一封公開信，標題就是〈帶上 AK47，跟我到南方做手機〉。有人給這封信配了張圖，就是周鴻禕抱著一把衝鋒槍的照片。在這封公開信裡，他鼓勵不甘現狀的同事跟他一起去南方做手機，加入這項激動人心的新事業。

同樣著名的是，他在北京郊區某塊山地，建了一個真人 CS 遊戲基地名叫「360 特種兵訓練基地」。他喜歡邀請團隊或朋友到這裡來玩真人 CS。

創新工廠的人說，周鴻禕曾再三邀請文質彬彬的李開復，帶領當時剛開始創業的創新工廠團隊去玩真人 CS，由於老周盛情邀請，令李開復感到盛情難卻，於是接受邀請。結果自然不出意外，沒有經驗的創新工廠團隊在真人 CS 中被 360 的團隊完全壓制。

在某個中秋節，周鴻禕玩完一場真人 CS，到附近的農家院吃飯時，接到公司同事的報告，騰訊開始直接向用戶電腦安裝 QQ 電腦管家。他當場打電話給馬化騰，兩人在電話裡吵了起來。

馬化騰表示不知道這件事情，而周鴻禕則認為這種策略必然已得到他的首肯。一個多月後，奇虎 360 在馬化騰生日當天，推出威脅到騰訊 QQ 商業模式和龐大使用者基數的「扣扣保鏢」。這就是後來對中國網路產生深遠影響的「3Q 大戰」。

這場戰爭的親歷者透露，在馬化騰生日當天推出產品雖是事實，但並非有意為之。換句話說，這不是一次有預謀的襲擊。「推出前晚還在討論要不要推出，直到半夜時決定在隔天上線。上線後的第二天下午，才從微博上得知那天是馬化騰的生日。」

周鴻禕是軍事愛好者，中國商人中另一個知名的軍事愛好者是史玉柱。不同的是，號稱自己膽小如鼠的史玉柱推崇的是林彪，他曾經在一次採訪中大談林彪的戰績。相比之下，周鴻禕推崇的是粟裕（註 74）。

周鴻禕說：「中國幾個將領裡，比較能打大仗的就是林彪和粟裕。這些將領都很了不起，很難說我在刻意學習誰。但如果談到特點，我想可能和粟裕有點像吧。

「因為林彪不打無準備之仗、不太打險戰，也很少險中求勝。他通常要有十足把握才會行動。然而粟裕，因為當初蘇北解放軍在新四軍時期，在當地老是處在被圍困的狀態，所以經常是險中求勝。

「粟裕打仗是有三四分的把握就打，林彪沒有六七分的把握是不打的。曾經有人說，林彪研究過粟裕的戰例後說：『他跟我不一樣。』」

雖然中國人總說商場如戰場，而成功者通常也都很自我，但周鴻禕倒是很清楚：「我覺得我們這點東西跟他們比起來還是不一樣，所以拿他們來比喻不是很恰當。」

3Q 大戰就是一場險戰。在這場大戰前，除了百度和

阿里巴巴這兩家與騰訊磅位相當，並且在自己的領域亦擁有他人無法撼動地位及優勢的公司，沒有人敢於想像，還有其他中國網路公司敢擋在騰訊前進的路上，而不擔心被這個巨無霸碾碎。

當時在科技媒體圈流傳的一段話是，每個風險投資人在聽完創業者雄心勃勃的闡述之後，都會問一個問題：「如果騰訊開始做這個領域，你怎麼辦？」

直到後來回顧這場戰爭時，還有人問馬化騰，為什麼當初不索性再咬一咬牙，將 360 徹底幹掉。目擊者回憶，馬化騰只是搖搖頭說，事情不是你想的那樣。

周鴻禕說：「外界對我有誤解，在我看來是把我想得太精明、太工於心計。有很多人覺得我走到這一步，每一步都經過精準的策劃和精妙的計算，連 3Q 大戰都是我策劃的。我要解釋一下，我管得了自己，但哪管得了馬化騰的行為和決策呢？」據他回憶，當時只是想捅一下騰訊這個天花板，這個大膽的想法讓第一次聽到的同事心情沉重。

「外界也覺得我好像特別喜歡打仗，經常以打仗為目的，挑起各種紛爭。我個人覺得這也是個誤解。我不否認我喜歡挺身而出，也崇拜英雄，喜歡看各種戰鬥電影，但我不是好戰分子。」挑起，或者說參與中國網路界幾場知名戰爭的周鴻禕說。

在大戰後上市的奇虎 360，因被資本市場認為是中國

最大網路公司之一騰訊的挑戰者，當時被公認為 3Q 大戰的最大受益者。**不過，今天回過頭來看，騰訊才是這場戰爭的最大受益者，因為 3Q 大戰打醒了騰訊。**

周鴻禕引用納西姆・尼可拉斯・塔雷伯（註 75）的理論：「我成了《反脆弱》書中的一個例子，**我的挑戰帶來刺激，這個刺激不足以消滅他們，反而讓他們產生更強大的內部基因。**」

他解釋這場戰爭如何改變騰訊：「在 3Q 大戰前，其實騰訊已經進入一種有點沒落、暮氣沉沉的狀態。但是這種刺激卻激發內部的創新。如果沒有這次大戰，它慢慢走上官僚化之後，像張小龍（註 76）這種創新，可能在內部就被扼殺。馬化騰也借機調整騰訊架構。**這次大戰讓騰訊重新產生危機感。**

「3Q 大戰前，我跟李學凌（註 77）聊了聊，感慨騰訊就像死亡的陰影一樣，徘徊在所有網路公司頭上。之後我給馬化騰發簡訊，說你何必一定要趕盡殺絕呢？這會讓所有人都成為你的敵人。你已經是偉大的企業家，還是留一點飯給我們吃。

「我還建議他投資別的公司，這樣他就變成革命領袖，無論誰多厲害，都是他投資的。後來馬化騰曾經拿我的簡訊當話題，說是我找他要投資未遂，所以悍然發動 3Q 大戰。

「我指給他一個理念，但沒想到他真的加以實現，開

始到處投資，例如京東和大眾點評。當他真的這麼做以後，就變得格外強大。馬化騰做了很多改變，他願意放棄很多業務，變得更開放。**他透過投資而不是征戰，把這個帝國做得更大，實現一個更高層次的帝國，也是更高層次的壟斷。」**

3Q 大戰後，360 嘗試做搜索引擎，與百度發生「3B 大戰」，以及做行動安全，與小米發生「小 3 大戰」。這些大戰在當時都是報導無數和口水橫飛。360 一度市值超過百億美元，成為中國最大的網路公司之一。我們可以將周鴻禕和他的公司視作這些戰爭的獲益者，不過這些戰爭無一例外也都讓對手變得更強。

「當時大家為什麼認為百度最危險，是因為百度已經變成大型官僚機構。它的最大競爭對手被趕出去了，沒有對手且壟斷市場，沒有再做創新的產品。你還記得李彥宏有一年在百度大會上，非常自滿地告訴大家，做無線網路猶如雨夜開快車。但是，我們做搜索搶占百度的市場份額，反而讓它驚醒，開始講狼性文化。百度也重新獲得活力。

「百度跟騰訊獲得活力之後，他們在投資上開始非常激進，還夢想要搶電商，從某種角度來說，也刺激到馬雲。馬雲原本都準備退休了，他當年就說過自己最多幹到 50 歲，然後去教書，底下的團隊也培養得不錯。但是一個微信紅包（註 78），一下子就把馬雲打醒。雖然今天

看微信也沒有那麼……，但你不覺得馬雲也在變嗎？他回到公司備戰，然後整個阿里就動起來。

「這不是我們有意造成的，但卻無意中造成這種結果。其實中國這幾個巨頭到今天也不見得很有安全感。馬化騰也沒有安全感。對吧？」

拋開周鴻禕的觀點，有種分析說，馬雲應該感謝周鴻禕。因為周鴻禕以一己之力，吸引騰訊和百度的注意，這讓阿里巴巴在一段時間內，有效減少來自另外兩個巨頭的壓力。

先前網路圈內曾有過三大三小之說，來形容中國網路公司的一線陣營。三大毫無疑問是指百度、騰訊和阿里巴巴，三小則是京東、小米和 360。姑且不論準確與否（市值在百億美元之上的網路公司還包括唯品會和網易），但至少表明 360 一度被視為巨頭候補。

周鴻禕說：「我也曾自問，雖然我跟騰訊、百度發生過遭遇戰，但想想這些戰爭都不是我主動挑起，而是被迫的。別人可能覺得我成長比較快，就引發巨頭來修理我，我則進行自衛。大家不自覺地把我跟巨頭放在一個量級上來看。」

問題來了，周鴻禕是否和很多雄心勃勃的網路企業家一樣，內心藏著成為巨頭的夢想呢？

他馬上否認，並稱這是誤解。單憑戰爭並不能造就一個巨頭，那些批評他的觀點也是他所持的觀點。唯一的不

同是，周鴻禕自己並沒有想要成為巨頭，至少他在此刻是這麼說的。他不像他的朋友兼對手雷軍，雷軍之所以選擇創業，是因為想做一家有巨頭般影響力的公司。

他說：「我的夢想不是成為巨頭，而是做出使用者認可的產品。我現在越來越領悟到，**成為巨頭，不是光說你的產品能力要好**。就好像一個很會打仗的將軍，未必能夠當皇帝，對吧？一定是政治家才能當皇帝。所以你看在中國能做巨頭的大企業家都懂政治，這個懂政治不是貶義。從根本上講，我覺得與他們相比，我還是過於沒有城府、簡單直白。有很多人看我，就覺得我的專長還是做產品。

「還有，成為巨頭需要運氣。很多人成功是因為在恰當的時間做了恰當的事，未必是像他自己總結的那樣，完全是一種非常主觀的驅動。那麼說的人都是在講成功學，實際上都不真實，都是在神化和美化自己。」

他老在內部開玩笑說，不要因為打過幾場仗，就把自己當世界第三軍事強國，「別一捧你，就以為自己會成為中國下一個巨頭」。

註73：又被稱作生存遊戲、野戰遊戲等，參加者裝備 BB 彈或雷射槍等對抗器械，身著軍裝及護具，進行模擬軍隊作戰訓練的遊戲。

註74：林彪與粟裕均為中國人民解放軍的重要領導人物。

註75：知名思想家與作家，致力研究不確定性、機率和知

識的問題。《反脆弱》即為他的著作。

註 76：騰訊公司進階副總裁，被譽為「微信之父」，先後
　　　開發 Foxmail、QQ 電子信箱和微信。

註 77：中國知名語音通訊軟體「YY 語音」的創始人兼
　　　CEO、董事長。

註 78：微信首創搶紅包活動，在 2014 春節時推出，讓使
　　　用者能夠透過微信等社群軟體發送紅包與搶紅包，
　　　據傳推出不到一個月，即帶動旗下支付「財付通」
　　　會員增加八千萬人，讓同樣擁有第三方支付「支付
　　　寶」的阿里巴巴創辦人馬雲公開表示讚賞。

5-3 Web 3.0 時代，是以產品為核心的扁平團隊時代

2014 年 12 月初，一張馬克‧祖克柏站在一旁、中方代表坐在祖克柏辦公桌前開懷大笑的照片，在社交網路上到處流傳，桌上還擺著習近平著作的英文版和小米的吉祥物米兔，而周鴻禕正站在他們身後，他戲稱自己是領導的保鑣和安全顧問。儘管在科技媒體圈內，周鴻禕是史蒂夫‧賈伯斯信徒這件事已經人盡皆知，但在這次矽谷行程中，他是第一次參觀蘋果公司。

周鴻禕一年至少要去兩次矽谷，參觀一些創業公司。他也是中國網路大亨中最熱衷於談論矽谷的人之一。他說：「那邊的氛圍和這邊還是不太一樣。」

一個有趣的悖論是：我見過很多已經被貼上成功標籤的人，總是在抱怨人們持有一種單向的成王敗寇價值觀，而那些成功的中國網路企業家，又總是在談論他們多麼羨慕矽谷的創新氛圍。這個環境中的勝利者，對環境竟也是不滿意的。周鴻禕正是如此。

「我們這邊總是說要創新，但大多數的創新僅侷限於

商業模式；矽谷那邊是真正的技術創新和產品創新，比較多匪夷所思的點子，價值觀也不一樣。中國這邊，大家有意無意地還是以是否上市、市值高低來衡量是否成功。

「然而，現在中國網路競爭的壓力和快速性，我覺得比矽谷要激烈很多。在矽谷，還是有很多公司在做自己想做的事。而在我們這邊，感覺大家都受指揮棒控制，甚至連 BAT 也都感覺很焦慮。」周鴻禕說。

這時候他已經忘記攝影帶給他的不悅。在他同事的安排之下，我們九個人的攝影團隊帶著器材悄悄地離開他的領地。他也忘了牙疼，沉浸在自己的言語之中。

即使不喜歡周鴻禕的人也不能否認，他雄辯且喜歡思考。如果不做一個網路企業家，一定可以做個不錯的老師或記者。在談到與 1990 年後出生年輕人的交流時，他表示彼此之間並無任何障礙。

「要說起來有些特質，例如任性、情緒化、特立獨行、口無遮攔，我好像跟這些年輕人差不多，只是年齡老一點。」唯一讓他遺憾的是：「這些年輕人比較討厭說教，而我覺得自己擅長說教。」

隨同他去美國的同事說，他在飛機上幾乎不睡覺，都在看書。他的行李箱中塞滿書和雜誌，也愛與人分享。2014 年他出版的圖書《周鴻禕自述：我的互聯網方法論》，就是將他在各處與人分享「網路思維」的講話稿整理出的結果。

　　每次演講前他從不準備，全都是臨場發揮。狀態好時就講得好些，狀態不好時，他自己講著講著也覺得難受。

　　社交網路上流傳的照片可以描繪出他們在矽谷訪問的路線圖：祖克柏、傑夫·貝佐斯、提姆·庫克、艾立克·史密特……，不過周鴻禕表示自己更想參觀小公司，雖然沒有人知道這些公司的創始人是誰，照片貼在社交網路上也不太會獲得轉發和評論。

　　紅杉介紹一些自己投資的公司給周鴻禕，說矽谷的活力在他們身上，周鴻禕的 360 也曾是紅杉投資的公司之一。在矽谷的楊致遠和田溯寧（註 79）也介紹一些自己投資的創業公司。他用「匪夷所思」這個詞來形容他們投資的專案，但是，「這才代表矽谷的文化和精神」。

　　楊致遠曾是他的老闆。正是楊致遠推動雅虎收購他早年創立的公司 3721（就像後來楊致遠推動雅虎投資阿里巴巴 40% 股份），並且使他成為雅虎中國的 CEO。

　　當時周鴻禕被媒體稱作是雅虎門口的野蠻人，預示他和這家公司之間的文化衝突。他在雅虎的經歷並不愉快，當然，他也讓雅虎不太愉快。這導致一個傳播很廣的流言：當周鴻禕離開雅虎時，楊致遠親自打電話給認識的投資人，請他們不要投資周鴻禕。

　　這是真的嗎？

　　周鴻禕馬上否認。「應該不是，楊致遠是個很好的人。就算你真的傷害到他，他可能咬咬牙就過去了。」

　　關於雅虎，周鴻禕說：「當年肯定有很多不愉快的事，導致我最後離開。但經過很多年後，你回過頭再看，上帝給你安排的任何一段經歷，都是一種體驗。最重要的是，在那裡待 2 年，學到很多東西。

　　「我覺得我在雅虎至少開拓了眼界。例如在去雅虎前，我沒有做過電子郵件，沒有做過入口網站，沒有做過即時通訊，沒有跟國際化的公司打過交道，儘管有很多不愉快的經歷，但也讓我更加瞭解美國公司怎麼想，美國人的思維方式是什麼樣的。」

　　如果你記得周鴻禕在此前對雅虎的評價，就能感受到他的變化。2010 年接受採訪時，周鴻禕曾談到雅虎，對於這家正受到 Google 等後起巨頭衝擊的公司，他說：「今天我認為上帝已經懲罰（雅虎）這家公司。」現在他可能不會再認為雅虎的衰落是上帝的懲罰，因為他也在感受著「規模之痛」。

　　奇虎 360 現在擁有一座共 17 樓的辦公樓，也開始像人們津津樂道的矽谷科技公司一樣，為員工提供餐飲、水果、健身房和娛樂設備。這家公司 2011 年 3 月 30 日上市時不到 1000 人，現在則超過 6000 人。周鴻禕感慨：「短短 3 年裡，團隊膨脹好多倍，所以我真的叫不出很多員工的名字，不認識他們，也不知道他們在做什麼。」

　　速度是禮物，規模則是詛咒。團隊的快速膨脹，是這個時代高速增長的中國網路公司必須面對的管理挑戰。劉

強東和王興面對著這個問題，周鴻禕也一樣：「公司文化正被快速稀釋，文化需要積累和沉澱。大家能否維持共同的溝通和做事方式？還有一個問題，業務、部門一多，層次也多以後，不可避免地導致各自為政、本位主義，部門協作和執行力都會碰到問題。落實新想法時會變得非常複雜，天天討論來討論去，或者各種流程走來走去，明明可以隨性做下去的事，大家卻變得顧慮重重……。」

「那你現在可以理解當年雅虎這個大公司的痛苦了嗎？」我開玩笑問他。周鴻禕非常可愛地迅速點了幾下頭：「理解理解。」

他面有痛苦之色：「雖然很多事對我來說很簡單。但交給雅虎高層去考慮，他們就顧慮重重。當時我覺得楊致遠應該支持我，現在回頭去看，他也很為難。我原本覺得（楊致遠）你怎麼這麼優柔寡斷呢？現在我就發現，**公司變大後，真的像包袱一樣**。要像賈伯斯一樣不顧慮很多東西，拿出刀來削掉它，需要很大勇氣。

「有時我面臨一些問題，例如處理人事問題，就發現我也變得優柔寡斷，顧慮太多。經營小公司時，你把一個人開掉就開掉了。但現在大家會說，行業怎麼想，別人怎麼說，我們以後還招不招這樣的人。我一聽覺得也有道理，於是就顧慮太多。**顧慮多會少犯錯誤，但問題是，你慢慢地就變得不夠尖銳，企業就會走向平庸。**」

周鴻禕正尋求解決之道。他一直以來的方法是努力保

持公司的「小」。2013年年底360有一次架構調整，就被解讀為防止大公司病。調整的方向是結構扁平化和去夾層化，重要的業務線直接向周鴻禕及總裁齊向東彙報。他在著作中也提到，360內部有些項目是由他親自來抓。

他說：「**我一直在探索，怎麼把公司變得相對扁平，內部變成以產品為核心的小團隊。**」

但是很明顯，周鴻禕仍然不滿：「我現在覺得這樣做還是不夠。人進來得太快，如果水準不夠，你讓他獨立去做產品，那麼最後誰來對產品的品質把關？最後全靠我一個人或者少數高管也不行。所以，我們開始採用一種可能更革命的做法，以後會儘量把一些業務拆分出去，把它推到市場上，真正讓它獨立。」

這種獨立甚至還意味著要離開360這幢辦公大樓。「讓它真的搬出去，自己找地方，像創業公司一樣。」

周鴻禕說：「別小看辦公室環境，它對人的心理暗示非常強。你搬到這座樓後，就有點大公司的樣子了，對吧？人也很多，辦公室環境也還可以，會不自覺地給人兩個心理暗示：第一，這是個大公司；第二，他不再覺得自己是公司的依靠，認為可以依靠公司。」

註79：中國企業家，有留美背景，目前在中國寬帶產業基金任董事長，也是華億傳媒有限公司非執行董事。

5-4 他是中國第一產品經理，靠的是觀察別人的創意來發掘靈感

　　我們第一次見面後的隔天，開始傳出 360 計畫收購一家手機公司的新聞。周鴻禕也發了一條微博，說自己計畫搬到南方去住，為這條傳聞更增添可信度。這倒並不讓我意外。

　　周鴻禕將 2014 年稱為 360 的智慧硬體元年，在上次談話中聊到智慧硬體時，我問他 360 是不是就此打算放棄再做手機？結果出人意料，周鴻禕直直地看著我，很誠實地回答「沒有」，他馬上就要重新再做手機。這個回答讓他在場的同事都覺得意外，大家都是第一次聽說這件事。

　　隨後，12 月 16 日，奇虎 360 宣佈，向酷派投資4.0905 億美元現金成立合資公司，奇虎 360 將持有 45%的股權。

　　周鴻禕對智慧硬體始終充滿熱情，IoT 已經成為他每次演講都會提到的詞語。奇虎 360 在智慧硬體上也做過不少嘗試。2014 年，這家公司推出兒童智慧手錶、安全路由及智慧攝影機等一系列硬體產品。

其中兒童手錶在三個月內實現 50 萬的銷量。360 隨身 WiFi 累計銷量已經突破 2000 萬，被稱為「蹭網神器」。另外，360 免費 WiFi 軟體應用在推出 3 個月之後，用戶量已經過億，熱點數量同樣過億。

智慧硬體現在似乎已經成為紅海。按照周鴻禕的說法：「硬體說起來似乎門檻比較低，現在說相聲的都可以做手機了（註 80）。」

但是知易行難，「我們自己做硬體，開始也覺得很容易，就衝進來。實際上想得太簡單。而且我也強調，**現在已經不是賣硬體的生意，賣出去後使用體驗才開始**。攝像頭裝上去後每天都在看，手錶戴上去每天都在用。所以要把體驗做好、和軟體結合，真的不容易！」

他號稱團隊已經將市面上所有能買到的空氣淨化器都研究一遍。我問：「難道你要做空氣淨化器？」他馬上否認：「我們不會去做。別人去做空氣淨化器，我們才有機會做手機嘛。」

他也將市面上能買到的手機都研究過一遍。第一次見面時，他手上拿著一部「一加」手機。他總用這部手機發微博，使一加成為最可能和 360 合作手機的緋聞對象之一。

當時我問他為什麼不用蘋果，他馬上說：「我也用啊。」第二次見面，他做的第一件事，是將自己用的三部手機都掏出來，放上面前的茶几，分別是一加、iPhone 6

Plus 和華為榮耀，然後走到辦公室隔壁的健身房去拍照。

「其實手機說起來我比較冤。」周鴻禕說：「當初小米出來後，所有人都不看好他，除了雷軍以外，我可能是唯一看破模式而且看好他的人。但是當時我一念之差沒去做。可能有時我也缺了點渾不吝（註81）的精神，其實當時我如果堅持做手機也就做下去了。」

周鴻禕不但自己沒有做，而且還信誓旦旦說自己不會做手機。他採用的方式是南下去找手機生產商合作，他說：「花了九牛二虎之力去說服傳統手機廠商，光說服就花了半年時間，因為他們起初對小米是很不屑的。說服之後，他們半信半疑地做，過程中稍微遇到困難就會質疑和退縮。他們的 DNA 確實和網路思維不太一樣。」

有一次周鴻禕碰到雷軍，雷軍也跟他說，小米做什麼東西（硬體）都能自己控制，而 360，「你在做網路，無法控制做手機的事。兩家公司各懷鬼胎，沒辦法跟我競爭」。360 特規手機不成功，證明雷軍的判斷。

如果套用雷軍自己的網路七字訣「專注極致口碑快」，360 早期做手機，可以稱得上是不專注、做不到極致、口碑效應也不快，只是憑藉周鴻禕的號召力，擁有一些口碑。

現在回過頭看，周鴻禕認為：「方向看對了，方法是錯的。」不過，他又說：「最近又看到新的機會，如果手機有新的創新機會，還是可以嘗試去做。」在 2014 年平

安夜的那封公開信裡，周鴻禕小範圍地回應外界的質疑。

他寫道：「我們堅定不移地去做手機，正是因為未來行動網路的中心不一定是現在這樣的手機。網路飛速變化，快速反覆運算，創新在改變人類生活和商業競爭。**未來行動網路的中心可能是智慧汽車或智慧手錶，還可能是你根本想不到的東西。如果我們只是甘於做旁觀者或佈道者，永遠不可能有大的創新，永遠不可能搶占浪頭。**」

巧合的是，360 宣佈與酷派合資做手機這天，恰好是雷軍的生日。而且，華為榮耀也在這天發佈一款新機型。網路圈的人開玩笑說，雷軍生日當天和兄弟一起喝酒聊天到很晚，但是一看 360 要去做手機，華為也發了新機型，於是第二天還是掙扎著起床接受記者群訪。

3Q 大戰時，周鴻禕也是選擇在馬化騰生日那天發起襲擊，而這次他說：「我真的不是故意的。我也不知道他那天過生日……，我這個人記不住別人的生日。而且我們本來不想宣佈的，能低調就低調。」

在中國商業世界，周鴻禕以產品感好而知名，甚至有人稱他為中國第一產品經理。在 360 內部，周鴻禕發起的「老周授徒」，也是希望將心得傳授給公司內部年輕的產品經理。

他表示在產品方面的靈感，三分之一來自於自己的想法，三分之一來自於看別人的東西，「世上很多聰明人，看別人的東西會得到很多啟發，即便那個東西做得不完

美」，另外三分之一來自使用者回饋，「**任何產品的創意都來自於用戶未被滿足的需求**」。

周鴻禕說：「李鴻章說，世界上最簡單的事莫過於做官。換一種說法，世界上最簡單的事情莫過於做產品經理。我覺得就一個要求，你**能夠換位思考，從使用者的角度去看產品。**」

但讓這件簡單的事情變得複雜的是，他發現，很多人如果只是用戶，就會很容易對產品提出諸多不滿的意見。但是，只要你宣佈由他擔任產品經理，他馬上從對產品不滿變成為產品辯護。

註 80：2014 年 8 月，中國知名相聲演員王自健曾宣稱將進軍手機行業。

註 81：北京方言，意為什麼都不怕。

5-5 連企業主發言都得講究「包裝」？因為⋯⋯

　　從媒體上的報導來看，周鴻禕 2014 年下半年過得一點都不好。如果從股價來衡量，奇虎 360 的股價從最高時的 120 美元以上，跌到 60 美元左右。

　　股價下跌讓這家公司退出市值百億美元俱樂部，儘管市值仍有 70 多億美元，在已上市的網路公司中，只有 BAT 三巨頭、京東、唯品會和網易高於它，但這已經足以讓它成為人們議論的對象。

　　畢竟，大家對周鴻禕和 360 的期待，是中國網路第二陣營的領軍者。小米在 2014 年末獲得 450 億美元的估值，更加深人們將 360 視為「掉隊者」的印象。

　　「我幾乎從來不看股價。」對於這一點，周鴻禕自己的說法是：「所謂市值，只是公司的一個階段而已。我能把安全做好，公司對社會有價值，大家離不開它，不是挺好的嗎？為什麼要用一個標準來衡量所有公司呢？我現在對於外部的環境看得很清楚，應該按自己的節奏走，不能被對手打亂節奏。媒體和行業怎麼看，都是別人替你瞎操

心。自己心裡還是應該清楚。」

收購搜狗（註 82）未遂、特規手機失敗和快播被封（註 83），被普遍認為是周鴻禕這兩年遇到的一些失意之事。事後來看，他有自己的解釋。

「搜狗是我們叫停的收購，我們可以跟張朝陽（註 84）談，但沒辦法讓團隊跟我們一條心，團隊又是我認為最重要的。現在站在王小川（註 85）的角度，我特別能理解，他就是希望獨立，不被人控制。他的股份雖然少，但他希望公司可以自己掌控，最好多找幾個股東，彼此可以相互制衡。如果當時我們不是提出要收購，而是投資，可能會比較好。」

360 也曾經想收購俞永福的 UC 瀏覽器，但最後也沒有爭過阿里巴巴。搜狗拿了騰訊的投資、UC 最終被出售給阿里巴巴，這讓周鴻禕意識到，透過收購兼併去買一項成熟的業務，這條路不適合 360 走。其中至少有一個原因是：巨頭永遠能比你出更高的價錢。

周鴻禕開始做手機時，選擇與不同手機廠商合作特規手機，正如之前所說，他認為自己雖猜中開頭，卻沒有找到好的方法，找了一堆半信半疑的合作夥伴。「其實我應該去買一家手機公司，或者選一家投資。我就是當時沒堅持下來。」

周鴻禕沒有為市值和選擇錯誤這些問題焦慮，但也毫不諱言自己的確焦慮。在談話過程中，他幾次用「Growth

Pain」和「痛苦蛻變」來描述自己的感受。

他的焦慮包括對產品的焦慮：「即使我有個很看好的方向，有很好的主意，但產品做出來後，我都不是很滿意。有的產品我自己公開講不滿意。我寫了本書，告訴別人怎麼追求極致、怎麼從用戶出發，結果自己都違背我說的原則，有些產品做得很粗糙。」

他提到賈伯斯在 1995 年接受的一段採訪內容：「我離開後，有件事對蘋果最具傷害性：史考利犯了一個嚴重錯誤，認為只要有很棒的想法，事情就有了九成。你只要告訴其他人，這裡有個好點子，他們就會回到辦公室，讓想法成真。**問題是，好想法要變成好產品，需要做大量的工作。**」

周鴻禕曾經應邀點評這段採訪，他的評論內容也被收錄到著作中。讓他痛心疾首的是：「道理我都知道，但是我自己都在違背。」

周鴻禕感歎：「如果你覺得這是個好想法，就應該親自去做，全力以赴地做。再看到時，我覺得這句話說得太對了，我怎麼忽視了這句話呢？」

現在，周鴻禕還是希望用 4 億美元投資酷派，能夠再次抓住當初失去的機會。

周鴻禕在微博上說要搬到南方住，我問他究竟是認真的，還是只是個玩笑。他的回答是：「你真要做手機，就要全力以赴去做，最重要的還是要挑出最精幹的團隊。我

自己要親自上場。」

「在過去的一兩年時間裡，我在想，也許我太貪心了。其實，一方面我不像外界說得那麼貪婪；但另一方面，跟創業公司比，還是試圖做太多事。這導致很多事無法落實集中火力的原則。」他說：「我老是克制不住做新產品的衝動。」

然後是組織和管理上的焦慮：「過去我考慮問題很單純，只考慮產品和怎麼做事，然後自己身先士卒。在2014 年我意識到，公司到這個規模，很多讓我焦慮的事，歸根究柢都是人的問題。我過去其實不太琢磨人性，EQ 也不高。」

他感覺到自己一貫使用的管理方法碰到問題。過去，他可以身先士卒，可以在管理團隊時肆無忌憚，因為他相信賈伯斯的說法，A 級人才不怕挑戰，你甚至可以不用考慮對方的自尊心。

但今天，「現實告訴你，很多人要是罵得太狠，只會被罵到怕。還有的人要是做得太過頭，他就會恨你」。

他像一個受到傷害的人，一臉誠懇但也疑惑不解：「真的，人不是想像得那麼單純。我發現自己碰到所謂的瓶頸。過去我對事考慮得多，對人性考慮得非常少。我以為大家都應該跟我一樣，所以我用對自己的方式對他們。我對自己也很苛刻，也有很多挑戰，不怕承認錯誤。但很多人不是這樣，也不能接受這樣的態度。」

　　團隊的規模讓這件事變得更加難以解決，「60 人時你可以要求大家跟你一樣，但 6000 人時，確實很多人想法跟你不一樣，但也不能把他們都趕走」。

　　周鴻禕說：「我突然覺得，我跟馬雲有差距。如果比懂技術、懂產品，可能馬雲不如我。但是他可能更懂領導力，更懂人性。所以馬雲可以駕馭更大的事業。」

　　「2014 年我在想，我要變成什麼樣的人？繼續做行業裡的第一產品經理？還是要改變自己？這個問題我也沒有答案。」

　　他突然陷入這種嚴肅的思考中。而且由於他對自己困惑表現出徹底的坦誠，我甚至難以做出恰當的反應。

　　他接著說：「例如我最近在思考的問題，有兩種領導做派，一種是強勢型，領袖很能幹，什麼事都有主意，底下人只要照辦就行。還有一種是無為而治型，領袖越弱，底下人就成長得越好。道理都對。然後我就在想，我應該走哪條路呢？真的，你不要笑。這對我是個挺大的問題！」

　　不過，在我們第二次見面時，一坐下來，還沒有等我提問，周鴻禕就主動表達對自己坦誠談論困惑的「悔意」：「我發現一個問題。在今天的商業社會裡，說實話其實不受歡迎。**我最近看過一些採訪，內容基本上都是吹牛，透過傳遞訊息來帶給大家信心、給團隊信心；相反地，你要是給自己做總結和反思，外面的人就會揪住你不**

放，覺得你有問題。所以我在想，我們還是多談一些正能量的東西。」

周鴻禕擔心，自己的坦誠會被競爭對手利用。他稱自己參加過一個會議，談 360 做智慧硬體的經歷，又講到 360 做特規手機的故事，還舉了路由器的例子，拿第一版 360 路由器做剖析，「該不該做兩個天線，到底要做幾個 LAN 口」。

他當時說：「我不認為這是失敗，例如產品沒做好，但我知道為什麼沒做好，然後重新再做。」

但是周鴻禕表示，自己隨後收穫的是一大堆網路上的負面報導。「什麼 360 失敗、360 硬體戰略失敗、360 路由器失敗、周鴻禕宣佈放棄什麼東西……，結果同事叫苦不迭：你在外面不替我們做廣告就算了，還給我們潑冷水，弄得用戶都來質疑，到底我們還做不做了。」

我問他：「你是想改變風格嗎？」

「我只是發現，我本來很鄙視企業家對外吹牛包裝自己，把自己神化。但最近這個價值觀受到巨大的刺激。」

「你受了什麼刺激？」

「我覺得，你看從企業家到創業者，大家出來都是意氣風發，儼然每個人都有巨大的成功……，其實中國網路走到今天，每個人都犯過很多錯誤，走過很多彎路。如果閉口不談這些，只是吹牛，我認為這不是事實。我痛恨說假話和吹牛，這是我重視的原則。你剛才問我有什麼堅持

不變的原則，我一直堅持做人要誠實，包括坦然面對自己的問題，還有鼓勵企業要回顧過往戰略。」

在我們最後一次採訪結束前，或者說在他下午的行程必須開始之前，他看著面前列印出的採訪提綱，回答了每一個問題，包括一部分我不打算問的。他仍然沒有把時差調過來，因為在我們兩次見面之間，他又出了一次國。

他已經記不太清楚自己去年讀過印象最深刻的書是什麼，但認真地列舉出一些電影名。而且，在整個談話過程中，他不斷地提到其他電影名，從《拯救雷恩大兵》、《末日之戰》到最近的《全面進化》和《怒火特攻隊》。每次當我表示沒看過他提到的電影時，他都會問我：「你是不是不愛看電影啊？」

他主動回答自己上次流淚是什麼時候，講到對自己兩個孩子的期待，當他提到自己每天要睡八小時，我在心裡鬆了一口氣。

儘管他認為能讓人們隨時隨地接入網路是項偉大的成就，但有些擔憂它的負面影響：人們無時無刻不在盯著手機。

當我問他，是否會跟其他網路企業家談及他的擔心時，他的反應是：「我自己就是做網路和行動網路的，說這個人家會不會說我矯情？再說，跟一幫做網路的人談時間被網路占據的危害，是不是有點像一群賣白粉的在開會

討論毒品的危害？」

不過，這一切都不如談到牆上的切・格瓦拉畫像時一樣讓人意外。

為什麼這幅畫像會出現在這裡？

因為這裡本來掛著另一幅畫，是一幅小馬畫像。「我就跟裝修辦公室的同事說，我牆上掛著 Pony 的畫像不太好吧？於是他們就換了一幅切・格瓦拉。」（Pony 是騰訊 CEO 馬化騰的英文名，也就是小馬。很多網路記者都喜歡稱馬化騰為小馬哥。）

「就是這麼簡單？它對你沒什麼特殊的含義？」

「就是這麼簡單。」

然後，他開始談論歷史上的切・格瓦拉，說他並不是一個毫無缺陷的英雄。

註 82：中國的搜尋引擎公司，隸屬於中國入口網站「搜狐」，在 2010 年獨立為子公司時曾引入阿里巴巴的資金，2012 年阿里巴巴退出後，由騰訊成為新股東。

註 83：快播是一款播放軟體，軟體本身不收取使用費用，曾擁有巨大的用戶數量，奇虎 360 也是投資者。由於部分用戶利用快播下載禁播或盜版影片，使快播在 2014 年時遭中國查封。

註 84：搜狐公司董事局主席兼執行長。

註 85：搜狗公司 CEO。

單元思考

「我的夢想不是成為巨頭，而是做出使用者認可的產品。我現在越來越領悟到，成為巨頭，不是光說你的產品能力要好。就好像一個很會打仗的將軍，未必能夠當皇帝，對吧？一定是政治家才能當皇帝。從根本上講，我覺得與他們相比，我還是過於沒有城府、簡單直白。有很多人看我，就覺得我的專長還是做產品。成為巨頭需要運氣。很多人成功是因為他在恰當的時間做了恰當的事，未必是像他自己總結的那樣，完全是一種非常主觀的驅動。」

> **我相信人生沒有解決不了的問題。**
>
> ——中山素平（興業銀行前董事長）

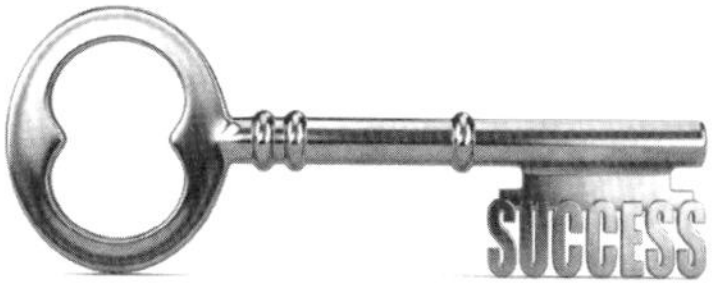

Chapter 6

Web 3.0 失敗企業　尚德電力

科技業競爭激烈，成本控制為何成為倒閉的關鍵？

6-1 急速崛起又衰敗，中國太陽能產業為何……

李翔按

　　最後證明這是一個關於失敗的故事。

　　施正榮這位曾經的中國首富，最終還是沒能挽救自己一手創建的公司。2013 年的 3 月 18 日，無錫尚德太陽能電力有限公司債權銀行，聯合向無錫市中級人民法院遞交無錫尚德破產重整申請。兩天後，法院依據《破產法》裁定對尚德太陽能電力實施破產重整。

　　施正榮自己也被迫出局。2012 年 8 月 15 日，他將 CEO 的職務交給自己請來的 CFO 金緯，隨後他和金緯的矛盾被暴露在媒體上。2013 年 3 月 4 日，他又被迫辭去董事長職務。圍繞著他的，是關於他控制的公司與上市公司尚德電力之間的關聯交易傳聞，以及在重組公司期間，債權人對他的不滿等諸多傳聞。

　　施正榮那張緊閉雙眼，以手揉臉的照片再次

出現在無數報導之中。照片上，他的表情佈滿疲憊
和無力。

　　這個故事的背後，是整個太陽能電池行業的
衰落。直到今天，這個行業也沒有走出低谷。

99

　　《探索》頻道製作的「中國人物志」，成為對施正榮
孤獨的讚美。

　　這組從 2011 年 12 月 22 日開始播出的系列人物紀錄
片，將施正榮和成龍、楊麗萍、鐘南山等人放在一起，視
為中國夢的代表，以及這個正在崛起的國家當中成功人物
的縮影。

　　從這部片開始拍攝到播出，施正榮的公司「尚德電
力」市值，已經被命運用鋒利的不景氣之刃削去將近 10
億美元，從片中所稱的 14 億美元減少到 4.16 億美元。它
的股價也從一度超過 85 美元，下跌到 2.5 美元左右。

　　在這個糟糕的年份，似乎沒有比施正榮更好的代表
了，就像對於中國經濟的一路狂奔而言，也沒有比他更好
的代表一樣。**他作為太陽能電池產業的佈道者、踐行者與
領導者，繁榮時人們將榮耀歸功於他，凋敝時也不可避免
地要將衰敗的責任歸咎於他。**

　　在 2011 年，責備施正榮是這個行業最流行的事。人

們認為他終於走下神壇，失去「太陽王」的光環，沒能為這個處於危機中的行業提供真知灼見，而仍然沉浸在拯救地球的空想之中。同時，因為郭美美引發的慈善危機（註86），與爆料者向媒體發出的種種消息（註87），他和無錫尚德被捲進對慈善的流行性質疑中，不明就裡的人們指責他為偽善者。

媒體報導高管不斷離職，使他開始被視為失去人心的管理者，在管理上乏善可陳。有傳言稱無錫尚德在申請破產，也有傳言說施正榮的公司將被韓國 LG 電子收購，但隨後兩家公司都發表公告否認這個收購傳言。最後一擊是記者從財報中找到計提 1000 萬美元人員遣散費用的資訊，推測這家公司將迎來一波裁員。

「我的使命就會讓我遭到這些誤解，我經常這麼想。」在談論過以上這些灰暗的消息後，施正榮倔強地說。而在旁觀者看來，他有些驚慌失措。

一位記者曾出席 2011 年年末，由幾位太陽能光電產業大亨所召開的應對美國雙反（註88）調查發佈會，他表示在向施正榮提問「尚德如何應對目前的困局」時，施正榮有些不耐煩地回答：「今天只談行業，不談尚德。」這位記者評論：「他不太會應對公眾，明顯有些惱火和失態。」

施正榮出生於 1963 年。2011 年是尚德成立的十周年，在無錫新區尚德附近的街道上，懸掛著尚德為慶祝十

周年所懸掛的橫幅「為價值歡呼」。

而這一年也是他的第四個本命年，在中國的傳統中，人們總認為在這一年中會不太走運，但是在海外生活十四年的施正榮對這個說法絕口不提。施正榮就像很多出身貧苦而終於取得世俗成功的人一樣，對自己有著強烈的信念，而不是對他人或外部力量，他更相信自己。

他無意中提及，從小到大，「有很多人問過我『你有沒有偶像』，但我沒有偶像。你要問我為什麼，我也不知道」。

他的發跡就像坊間流傳的經典勵志故事一樣，出生在江蘇揚中的偏僻鄉下，剛出生就和自己的雙胞胎兄弟分開，被送給一戶姓施的人家。

為了讓他讀大學，父親施貫林讓家中其他三個孩子全部退學，而這個唯一完成學業的孩子也果然爭氣。在長春讀完大學後，他到上海就讀研究所，然後取得公費赴澳大利亞留學的資格。

學業結束後，他已經足以成為家庭的驕傲，因為他不僅取得澳大利亞公民的身份，還成為當地太平洋太陽能電氣公司的研發團隊負責人。但是這還不夠，他需要的是一個更大的成功。

施正榮帶著妻子張唯和兩個在澳大利亞出生的兒子返回中國大陸，四處尋找創業機會，一度被人譏笑為騙子，最後終於在現在的公司所在地無錫找到知音。

在無錫市政府的支持下，他在 2001 年創辦尚德電力，四年後在紐約證券交易所公開上市。上市沒多久，尚德電力的股價已超過 30 美元，以他持有的股票市值計算，他成為當時的中國首富，身價接近 200 億人民幣。

在這個過程中，人們總是議論著他和政府的關係。後來施正榮乾脆用這樣的話來概括無錫市政府和尚德之間的關係：「無錫市政府讓尚德誕生，又再生了尚德。」他解釋說：「誕生，是指如果沒有它一開始的支持，就不可能產生這家公司。再生，國有股退出也是因為有政府的支持才能實現。」

「如果沒有無錫市政府，便不可能有這家公司。在市政府的強力支持下，當地八家國有企業，七湊八湊湊出650 萬美元，才使尚德能夠成立。」

成立之後，施正榮把所有的精力先後投入在建廠、產品生產和市場銷售上，他畫出尚德產品的第一張圖紙，同時扮演著「總工程師、總設計師和總經理」的角色，透過低成本擴張的方式，讓尚德在 2004 年進入世界太陽能光電企業的前十強。

註 86：2011 年 6 月，一名自稱「中國紅十字會商業總經理」的中國女子郭美美在微博上持續炫富，所引發的社會爭議。受此事件影響，事發一個月後，中國各地紅十字會收到的慈善捐款銳減，也引發社會大

眾對慈善事業的不信任感。

註 87：2011 年 8 月，前中國版權協會教育委員會秘書長羅凡華向媒體爆料，表示尚德電力連續四屆贊助中國版權協會創意大賽活動，卻將捐助的物資非法轉移到非受贈方北京創新中意教育科技有限公司（尚德公司旗下企業），且非法藏匿捐贈物資，企圖銷售，實施詐捐。

註 88：雙反，即反傾銷與反補貼。

6-2 初創公司資本不夠，最該留心的就是「公司控制權」！

　　接下來，施正榮遭遇他所認為的創業過程最艱難時刻──針對尚德控制權的爭奪。施正榮回憶：「當時政府考慮到我是科學家，對外打交道不是我的強項，所以政府請一位退休的政府官員來公司擔任董事長。這很正常，也是很好的安排。」

　　尚德的第一任董事長李延人曾任無錫市經貿委主任，因此毫無疑問，在與尚德最早的那些國有企業股東打交道，或與本地銀行來往融資時，他具有天生的優勢。但是這個安排中有個漏洞：**尚德的董事長並不是股東。**

　　對於這段公司史，施正榮是這樣描述的：「2001 年到 2002 年時，應該講董事長是毫無私心地支持公司。但是 2003 年下半年開始，他可能受其他人的影響，心態有些變化。我猜測這是因為他不是公司的股東，於是我問過所有股東，大家是不是可以讓出點股份送給董事長，因為他對公司貢獻很大。當時股東的回答是，最好等 2004 年實現公司業績以後，再開董事會做決定。但是，狀況就在

2004 年發生。」

「當時也是由無錫市委（註 89）與市政府做出決定，董事長在 2004 年年底第一屆任期結束後就退休。」

此後，關於這段歷史的流傳版本甚多，無外乎施正榮透過各種手段將尚德第一任董事長排擠出公司的決策層，而自己獨攬大權。「大家總是講，好像我為了把公司拿到自己名下，才⋯⋯，我要是有那麼大的本事就好了。」他開玩笑說。

「我把董事長當作父親來尊敬。」在李延人離開時，他獲得尚德給予的 200 萬現金和一部奧迪車。尚德在 2005 年上市之後，施正榮表示他還將一部分套現出的現金贈予李延人。

這件事情給施正榮的最大教訓是，他開始明白什麼是公司控制權：「說實在的，在這件事之前，我不知道什麼叫公司控制權。」這讓他開始在國有股股東意圖控制公司時，主動爭取無錫市政府的支持，藉此擊退這種嘗試。

他對隨自己搬遷到無錫的妻子張唯說：「**如果公司不能按照我的意願來做，我們就打包回家。一股不要，一分錢也不拿。**」在當時無錫市政府領導層的支持下，施正榮獲得公司的控制權，並且讓最早進入的國有股退出。

他用典型的中國式語言來描述那次決定他在公司命運的董事會：「在這樣的情況下，經過 2004 年 8 月份的國有股逼宮，到 2005 年的 3 月 24 日的董事會，確立我在尚

德的領導地位。」

他認為自己問心無愧，因為他讓那些早期投資者拿到投資 3 年平均 15 倍的回報。他也對主動退出的國有股股東心存感激，「像小天鵝集團就認為，接下來的錢已經不是自己該賺的」。

後來他幾乎在每次演講中都會感慨地提及：「**這 10 年的最大變化是，10 年前是人找錢，10 年之後是錢追人。**」他認為，真正的風險投資在中國大行其道，與尚德的私募成功有很大關係。

在被問及與當下相比，哪段經歷讓他感覺更艱難時，施正榮思索了一下回答：「（2004 年～ 2005 年）那個時間段比較艱難。從正面的角度來看，對於磨鍊意志非常有幫助。」他甚至說，相形之下，2008 年的金融危機只是小菜一碟。

他的成功成為整個家鄉的驕傲，而他也毫不猶豫地回報家鄉。施正榮高中時的班主任陳道生說：「揚中人都知道，揚中市主幹道上一半的路燈都是施正榮捐贈的。」

施正榮還透過陳道生向高中母校捐贈 100 萬，他不是個吝嗇的人，在長春的大學母校，施正榮也設立 1000 萬人民幣的獎學金。張唯表示，施家透過家族基金會，已至少在國內捐贈 1500 萬。

因此，當施正榮被羅凡華指控詐捐時，第一反應是義憤填膺，恨不得立即跳起來出門找人理論。他自稱：「我

不願意負人，點滴之情當湧泉相報。而且能不麻煩別人就盡量不麻煩別人。這是我的性格。」

因此，儘管施正榮宣稱自己並非無法承受負面消息的重壓，「總體來說我是個抗壓能力很強的人」；但如果說他毫不在乎，顯然也是對他的誤解。

當問到他希望在公眾面前呈現什麼形象時，他的第一反應是：「完美的形象。」隨後，可能考慮到如此的說法確有不妥，他修正為「真實的我」。

「有人說我要面子，我不知道該不該同意，可能潛意識裡……，但是我不知道有誰不要面子？」他突然反問。

在施正榮最初列出的受誤解清單上，「要面子」一說就這樣被他接受了。他重視榮譽，也渴望得到認可。

這從一個例子就可看出：他曾經提出一個觀點，經濟全球化的驅動力是便宜的能源和勞動力，而隨著能源價格與勞動力價格的上升，全球化會在實體層面慢慢消退，取而代之的是區域經濟的發展。正是在這種觀念的支配下，尚德在全球建立多個工廠與銷售網路。

隨後，在《新聞週刊》和《經濟學人》上也刊出類似觀點的文章，他得意地表示：「當時我還把文章拷貝下來，你看名頭那麼大的經濟學家觀點都和我一致。」

另一個例子是，在接受訪問前，他讓自己的同事傳來一篇最近發表的文章，這篇文章雖然對施正榮不無批評，但列舉出他對光伏產業的一系列判斷。讓他得意的正是，

這些判斷最後都被證明是真的。施正榮說：「他以為是我隨便想到的，其實那都是我的智慧。」但是他說：「我很低調。」

雖然他也會得意地表示，在很多國際性的場合和聚會中，自己往往是在場的唯一一個中國人，但他並不是社交動物。「我最不願意去高檔的酒會跟名人相聚。有時喝完雞尾酒，我就會偷偷溜走，到旁邊跟幾個朋友喝點小酒、吃飯，那種感覺更好。」

對他而言，頻繁的旅行、演講和社交，為的是推廣這個產業以及這家公司。

註 89：市委全稱為「中國共產黨○○市委員會」，是中國共產黨在直轄市、地級市或縣級市設立的最高領導機構，統領全市黨組織和黨員，地位在市政府之上。

6-3 一張 10 年不變的供應合同，竟成為敗亡的致命關鍵！

　　另一個讓施正榮耿耿於懷的看法是，人們總認為他過於理想主義，欠缺商業所需的實用主義，「好像現在出問題都是我一個人的錯，我太理想主義，沒把公司管好」。

　　「有人說製造很辛苦，是幾分錢幾厘錢在做，而我給人的感覺是談製造的細節不夠多。但我一直認為，我要看的是更大的方向。」

　　他舉例說，大公司的毛利如果不超過 30％會很難生存，而毛利要達到 30％甚至 40％，豈是天天摳那幾分錢能摳出來的？同時，他也不認為自己忽視細節。他自認非常關注細節，也自豪能隨時跟客戶探討太陽能電池的技術細節。

　　跟隨他多年的部屬、如今主管尚德五家電池與組件工廠的龍國柱說，施正榮到工廠閒逛時，一發現問題就打電話給他，甚至包括像工廠地面不乾淨這種事。

　　施正榮說：「我只是強調，除了關注細節外，還必須有大思路。」

正是這種大思路，牽扯到一直讓尚德和施正榮被人詬病的「戰略與決策失誤」。其中最著名的，就是**尚德與MEMC**（註 90）**簽訂為期 10 年的多晶矽供應合同，協定價格為每公斤 100 美元左右。**

多晶矽價格在 2010 年和 2011 年暴跌，讓這份長單成為緊握在手中的一枚火炭，隨著時間推移似乎只會加劇疼痛——多晶矽價格跌破 100 美元後，又迅速跌破 50 美元，然後更迅速地跌破 30 美元。

尚德最後在 2011 年以 2 億美元的代價，終結這份長期協定。做出這個決定正是源於施正榮的大思路：「我們的商業模式就是不做上游、不做矽片。我的分析是，任何一個成熟的產業，不可能有一家公司是從頭做到尾。」

在理論上，因專業分工而不做全產業鏈這項選擇並無錯誤，但是現實讓他付出代價。與 MEMC 的 10 年協議，也成為施正榮事後反覆思量的決定之一，「實際上正是這個合同，導致後來很多事情做法的改變。如果不簽，我們很早就會做矽片」，「那個合同改變了尚德」。

「我也有過反思，**在產業尚未成熟、甚至初級階段時，全產業鏈有一定優勢。因為供應鏈本身不健全，如果你自己能掌握供應鏈，就能控制利潤水準。隨著產業慢慢成熟，再轉向專業化可能會更合適。**」

經過這種反思與現實的昂貴教訓後，尚德決定自己做 50% 的矽片，剩下一半則透過採購，這樣既可發揮調節作

用，又能在將來轉向專業時保持一定的靈活度。

另一個廣受質疑的決定也讓施正榮憤憤不平，即尚德開始做薄膜電池（註91）的行動。「有人說因為我原來是搞薄膜的，所以對這種技術情有獨鍾」，但施正榮認為，之所以開始建立薄膜生產線，是因為他判定：用薄膜電池玻璃來取代目前的幕牆玻璃，正是未來趨勢。

「我甚至對我們的市場銷售人員說，開始的時候，你跟客戶講這只是帶有顏色的玻璃，等人們能夠接受它時，你再說其實這種玻璃還可以發電。」

這種判斷也讓施正榮一開始投資就手筆不小，尚德建立的薄膜生產線有 6 平方公尺大，而不是通常的 1 平方公尺。他辯解：「從一開始我就對華爾街講得很清楚。它不像有些人說的那樣，純粹是為了滿足我的個人願望。」

在這些後來被指為失誤的事件中，真正讓施正榮感到痛苦的是高管的離開，或者說高管的不得不離開。這件事先讓施正榮感到困惑，後來覺得痛苦，而後又開始產生被誤解的委屈感，「好像我眾叛親離一樣」。

這種痛苦是由公司的高速增長帶來的。施正榮花 10 年的時間，將無錫尚德從零變成一家年銷售額超過 30 億美元的公司，但即使是這種速度也無法讓他滿意。

在《探索》頻道拍攝的中國人物志紀錄片中，施正榮對公司內部員工說：「如果全球電力的 5％是由太陽能電池提供的，我們目前沒有能力來完成這個需求。所以我們

的發展速度要非常快。」

後來，他和 CTO 也都用這種巨大需求量的前景來說明，太陽能光電產業並沒有飽和，冬天終會過去。

高速增長帶來的組織膨脹，讓施正榮開始意識到，必須轉變事必躬親的管理方式，轉而依靠建立完善的制度和高管團隊。

2008 年前後，他開始有意識地請諮詢公司來為尚德設計組織架構，並且請獵頭公司四處尋找新鮮血液加入尚德，這就是媒體經常提及施正榮愛用空降兵的由來。

「華為不也是一樣嘛。華為也是在創業 10 年左右開始做這些事情。」施正榮引用華為的例子，來說明這本就是公司成長的必經之路。

但是，不管是自己培養的創業高管，還是從外部延請的高手，在之後都有離去者。其中最常被提及的，就是尚德的 CFO 張怡和曾任施正榮助理的副總裁邵華千。自稱平生最不願意負人的施正榮，自然對此感到痛心疾首。

「誰不願讓跟你一起創業的人，從原來的經理做到副總裁，再到高級副總裁？大家一起走過來，那多好啊！」施正榮感歎道。但是他也知道，「不一定每個人都能成功走出這條路」。

痛苦也由此產生：「如果有些管理者不能跟著公司成長，我必須要請別人來做。如果管理者能定位好自己的位置，那就比較好。但如果雄心很大，又無法滿足這個位置

的要求，就比較痛苦了。」施正榮在這方面又顯得優柔寡斷，「我不能很快做出決定，總是試圖幫他們找到滿意的位置」。

他的妻子張唯與尚德所有的創業高管都有交情，並且認識所有的新高管。因為每當施正榮想要延請一位外部人士加入尚德時，總會請張唯也來見一下，張唯說：「他比較相信我對人的感覺。」

張唯替丈夫辯白：「媒體說很多高管離他而去，其實那些高管離他而去並不是因為真的主動要這樣，而是他們都犯了這樣那樣的錯誤。他總是首先說自己錯，雖然他是老闆、是最終責任人，但畢竟還是有人擔任事故責任人啊。」

張唯總是稱施正榮是勞碌命，「有的時候真的是覺得他很可憐」。當張唯試圖勸丈夫不要這麼累時，「他總會跟我說，你不懂，尚德是我的 baby。這時候我就會說，拜託，你還有兩個孩子好不好？」

她有時候看到尚德的傳聞，就會對施正榮講。這時候，在外面總是壓抑自己不快的施正榮，會迸發出不耐煩的情緒：「怎麼你也來跟我講這些？你為什麼不相信我呢？我難道不是最有資格評價這家公司的人嗎？」

儘管不斷有人離開，但是施正榮仍然為他最近引入的高管自豪，其中包括透過談判結束 MEMC 10 年長單的供應鏈管理高級副總裁羅鑫和 CFO 金緯，他甚至稱這兩個

高管是十全十美的。

「他們也教會我，不該管的事就不要管。經過對一些事情的處理後，我覺得以後我不要再管這些。」之前施正榮事必躬親，也有寫郵件同時抄送給多個負責人的習慣，而在羅鑫和金緯身上，他自覺地發現自己應該給予充分信任和授權。

回到所有人都更關注的問題：尚德如何度過整個行業的冬天，施正榮雖然拒絕在公開場合回答這個問題，但現在承認，目前他最困擾的問題確實是如何過冬，「首先度過冬天，然後在其中抓住機遇，讓公司更強大」。

他一直在提醒整個行業注意的產能過剩問題終於爆發，而尚德身為行業的領導者也未能倖免。儘管尚德剛上任半年多的 CFO 金緯強調，尚德的出貨價格和出貨量仍然是全行業最高。

「如何扭轉整個行業目前的低利潤、甚至無利潤的情況」，也成為施正榮反覆思量的另一個問題。這個問題與如何過冬糾纏在一起。有個常識是：「如果整個行業上下游都不賺錢，那肯定不行。」

不能說他毫無準備。至少從銷售管道來看，尚德的成績讓人讚歎。他可以很自豪地宣稱，尚德已經極大程度地降低對歐洲市場的依賴──歐洲市場的連鎖反應，正是美方展開「雙反」調查以來整個行業最擔憂的事情。

在 2011 財政年度的第三季，歐洲市場的銷售降低到

40％，而施正榮從三年前開始進入佈局的亞非中東市場份額，則上升並超過 30％，中國國內市場也提升到 12％。雖然歐洲市場經濟不景氣導致的萎縮，是份額降低的原因，但也是希望所在。

尚德的 CTO 司徒亞特·威翰認為，需求只是因為經濟不景氣和銀行謹慎放貸，而受到延緩、壓抑，隨著宏觀經濟局面的改善，將釋放出巨大的需求。

改變企業本身不合理的資產負債現狀是當務之急，也是新上任的 CFO 金緯著手在做的工作。他希望透過和銀行談判，改變目前短債與長債分佈失當的問題。

正如外界的預料，無錫市政府對尚德支持有加，副市長表示：「幫助尚德營造經營環境，並一起做金融機構的工作。」施正榮則表示，政府的支持主要是在政策和信心上，至於金融資源的傾斜，「政府又不是開銀行的，怎麼傾斜啊？企業還是要靠自己！」

看到施正榮有時表現出的煩躁，家人們的反應是既同情又無可奈何，尤其是張唯，因為她知道施正榮不會因勸說而減少對尚德這個 baby 的投入。

張唯說：「英語裡有 you work like a dog 的說法。狗給人的感覺，就是呼吸很急促，很迫切很累的樣子，他就是這樣。」

在別人問到自己能做什麼時，張唯說自己是「do mother's job」。她刻意與尚德保持距離，成為丈夫工作的

旁觀者，「我看到他就說，我挺可憐你的」。

施正榮的小兒子則逗他：「爸爸，有一天我把尚德買下來，你會不會很生氣啊？」

註 90：MEMC Electronic Materials，全球多晶矽及矽晶圓製造商，產品供應給各大半導體製造商。2013 年 3 月 13 日，更名為 SunEdison, Inc。

註 91：當時薄膜電池與多晶矽電池相比，雖然轉換率較低，但重要優勢在於矽的使用量較低。多晶矽的價格最高時可達一公斤 400 美元，而在金融風暴後一路下滑，跌到 50 美元以下，導致多晶矽電池的成本大幅下滑，也使薄膜電池的優勢大減。

單元思考

　　在這個糟糕的年份，似乎沒有比施正榮更好的代表了——就像對於中國經濟的一路狂奔而言，也沒有比他更好的代表一樣。身為太陽能電池產業的佈道者、踐行者與領導者，繁榮時，人們將榮耀歸功於他；凋敝時，人們也無可避免要將衰敗的責任歸咎於他。人們稱他終於走下神壇，失去「太陽王」的光環，沒能為這個危機中的行業提供真知灼見，而仍然沉浸在拯救地球的空想之中。

NOTE

/   /   /

NOTE

/   /   /

國家圖書館出版品預行編目（CIP）資料

Web 3.0 必學 6 個行銷戰術：年成長率 500% 的企業教你，該如何抓到網路商機！／李翔著--臺北市：大樂文化，2019.6
224 面；14.8×21 公分. --（UB：45）

ISBN：978-957-8710-27-6（平裝）

1. 企業經營　2. 中國

494.1　　　　　　　　　　　　　　　108008556

UB 045

Web 3.0 必學 6 個行銷戰術
年成長率 500% 的企業教你，該如何抓到網路商機！

作　　者／李　翔
封面設計／蕭壽佳
內頁排版／顏麟驊
責任編輯／林映華
主　　編／皮海屏
發行專員／劉怡安、王薇捷
會計經理／陳碧蘭
發行經理／高世權、呂和儒
總編輯、總經理／蔡連壽

出 版 者／大樂文化有限公司
　　　　　地址：新北市板橋區文化路一段 268 號 18 樓之1
　　　　　電話：（02）2258-3656
　　　　　傳真：（02）2258-3660
　　　　　詢問購書相關資訊請洽：2258-3656
　　　　　郵政劃撥帳號／50211045　戶名／大樂文化有限公司

香港發行／豐達出版發行有限公司
地址：香港柴灣永泰道 70 號柴灣工業城 2 期 1805 室
電話：852-2172 6513　傳真：852-2172 4355

法律顧問／第一國際法律事務所余淑杏律師
印　　刷／韋懋實業有限公司

出版日期／2019 年 6 月 17 日
定　　價／260 元（缺頁或損毀的書，請寄回更換）
I S B N　978-957-8710-27-6